U0182570

游戏开发实战宝典

猿媛之家　组编

崔福伦　楚　秦　等编著

机械工业出版社

本书讲解了游戏开发中用到的相关技术，主要包括前端和后端两部分内容，并结合前端与后端技术给出了几个实战项目的设计及实现方法。

本书分 4 部分，共 12 章。第 1 部分（第 1 章）为梗概，介绍了软件开发的关键、游戏开发从业者的层次和挑战以及本书的目标。

第 2 部分（第 2～5 章）先介绍了 Egret Engine 编程技术，包括编程基础、高级开发和扩展库编程。随后讲解了 sparrow-egret 游戏前端框架的编程技术，包括 MVC 架构模式以及 sparrow-egret 游戏前端框架的主要功能。

第 3 部分（第 6～8 章）先介绍了 Netty 的主要功能，然后给出了作者开发的基于 JCommon 和 nest 的游戏组件的使用方法。最后给出了一个基于前端和后端功能相结合的实战项目——游戏聊天室。

第 4 部分（第 9～12 章）则比较详细地讲解了作者基于先前框架所开发的游戏实战项目——贪吃蛇和网络对战国际象棋。同时，介绍了一款可以和先前框架配合使用的自动生成代码的脚本工具——TreeBranch。在本书的最后两章，还讲解了功能框架和实战项目里所涉及的游戏开发模块整合以及设计原则与模式，并展示了作者的设计思路。

本书实例部分及章节源码难点解读部分均配有二维码讲解视频，方便读者自学时观看使用。

本书适用于从事游戏编程的初、中级开发人员，游戏开发高手也可以通过阅读本书扩展自己的设计思路。

图书在版编目（CIP）数据

游戏开发实战宝典 / 猿媛之家组编；崔福伦等编著. —北京：机械工业出版社，2021.8

ISBN 978-7-111-68521-0

Ⅰ. ①游… Ⅱ. ①猿… ②崔… Ⅲ. ①游戏程序-程序设计 Ⅳ. ①TP317.6

中国版本图书馆 CIP 数据核字（2021）第 123516 号

机械工业出版社（北京市百万庄大街 22 号　邮政编码 100037）

策划编辑：尚　晨　　责任编辑：尚　晨
责任校对：张艳霞　　责任印制：张　博

涿州市般润文化传播有限公司印刷

2021 年 8 月第 1 版·第 1 次印刷
184mm×260mm·15.75 印张·387 千字
标准书号：ISBN 978-7-111-68521-0
定价：99.00 元

电话服务

客服电话：010-88361066
　　　　　010-88379833
　　　　　010-68326294

封底无防伪标均为盗版

网络服务

机　工　官　网：www.cmpbook.com
机　工　官　博：weibo.com/cmp1952
金　书　网：www.golden-book.com
机工教育服务网：www.cmpedu.com

前言

P R E F A C E

目前，社会上有很多从事 HTML5 游戏开发的人。编写本书时，Egret（白鹭）官网上宣称全球使用白鹭的开发者高达 35 万人，这已经是一个非常大的数字了，但他们中很大一部分都只是新手或是初级从业人员，缺乏系统的知识体系，对于这些人来说，很可能需要精通者或者技术专家的指导，才能顺利从事这一行业。面对这个比较庞大的需求，笔者有了成为技术传播者的想法。

在本书中，笔者将展示通过多年实践制作的游戏开发框架，并对其进行详细讲解，希望能够帮助相关从业人员，以便他们能够顺利地进行游戏开发，让自己的职业生涯有个良好的开端。

本书不仅对知识体系进行了详细描述，还有针对性地介绍了游戏前端和后台编程技术，而且提供了基于这些基础技术所给出的一系列框架的解决方案。对于有志成为游戏开发全栈工程师的程序员而言，本书将会发挥最大用处。同时，本书对框架的代码和实战项目代码进行了比较详细的讲解，并阐述了开发时的设计思路。

当然，本书内容也有一定的局限，笔者制作的这些框架比较适合回合制游戏，对于高实时的游戏，还需要读者对其进行一系列的扩充与改造，限于篇幅，书中不涉及此部分内容，有兴趣的读者可以通过 yuancoder@foxmail.com 进行交流。

虽然本书提供的这些游戏开发框架会存在某些缺陷与不足，但笔者还是希望能够集百家智慧让这些框架持续更新和维护，这也许需要广大读者和开源社区的支持。编程的思考方法是一种集体智慧的体现，一个人是不可能想出所有有价值的东西的，也非常希望有更多的游戏开发者能够加入其中。

能够将自己所学知识分享给更多的人一直是笔者的梦想，但写作的过程是枯燥的、烦琐的，需要忍受常人难以想象的困难，在本书的写作过程中，感谢同行和朋友们的倾情指导，感谢机械工业出版社对本书的出版所给予的巨大支持与帮助，没有他们的辛苦付出，就没有本书的高质量出版。

由于作者水平有限，书中难免存在不妥之处，请读者原谅，对本书的宝贵意见与建议可通过 yuancoder@foxmail.com 反馈，不胜感激。

作　者

目录

前言

第1部分
梗概

　　本部分将介绍软件开发的关键、技能等级的划分以及本书的目标。通过这一部分的学习，读者可以弄清楚游戏开发中的关键问题是什么，因为只有清楚了这一点，才能设立正确的目标。

　　本书是一本初、中级游戏开发编程书籍，对读者的编程基础有一定的要求，这些要求会在这一部分中指出。希望读者通过对本书的学习，掌握一些高级的设计技巧。

第1章 直击问题关键及本书概要

真正伟大的人还会继续向前，直至找到问题的关键和深层次原因，然后再拿出一个优雅的、堪称完美的有效方案。

——史蒂夫·乔布斯

乔布斯的这句话说明了认清问题关键，或者说认清问题本质的重要性。只有认清了问题的关键，才可能做出正确的决策，从而有的放矢，其他任何的非关键点只能分散我们的注意力。

本章将会与读者介绍几个笔者认为的游戏软件开发领域普遍适用的关键点，以及读者们将会从本书中获取什么知识。

本章将囊括以下内容：

- 软件开发的关键
- 游戏开发从业者的层次和挑战
- 本书的目标

1.1 软件开发的关键

在《代码大全 2》一书中，作者麦克康奈尔认为，软件开发的关键是复杂度管理。笔者认同这个观点。如果是一个小项目，复杂度不会很高，当然也就不存在让人头疼的管理问题。但是一旦项目上了规模，复杂度将大幅度增加，程序员很可能就会被淹没在多如牛毛的细节里。在《面向对象分析与设计》（第 3 版）一书中作者指出，复杂性表现在两个方面：一个是软件开发本身就具有复杂性，再有就是开发人员的随心所欲的行为所造成的复杂性。前者所产生的复杂性是无法消除的，因此就只能消除后者所产生的复杂性了。

《C++编程规范》一书中引用了 Alan Perlis 的一句话："复杂性啊，愚人对你视而不见。实干家为你所累。有些人避而远之。唯智者能够善加消除"。笔者虽不敢说自己是智者，但还是在不断地向业内的领军人物学习如何妥善降低复杂性。

那么该如何妥善降低复杂性呢？

笔者根据阅读学习、实践和理解，认为利用以下的工具就可以做到：

- 面向对象的编程思维；
- 模式；
- 原则；
- 重构；
- 消除对于程序运行必要，但是对程序员不必要的细节的工具。

当提到模式的时候，也许读者会想到设计模式。《面向模式的软件架构》（卷 1）一书把模式分为三类：架构模式、设计模式和成例。笔者认为这里的模式指的是这三类。

笔者之前学习过平面设计、交互设计，都涉及了设计原则和模式，也许这就是专业设计的特征，需要把原则和模式放进设计的工具箱，从而形成设计的依据。

本书随后的章节将会讲到本书项目中会运用到的原则和模式，但是这些也只是冰山一角，更多的知识，还需要读者花时间阅读更多的书籍。

1.2 游戏开发从业者的层次和挑战

在《程序员的思维修炼》中，作者引入了一个技能模型——德雷福斯模型。这个模型将一个技术人员的技能水平分为五个阶段：

- 新手；
- 高级新手；
- 胜任者；
- 精通者；
- 专家。

目前，游戏开发从业人员主要是新手、高级新手、胜任者。

对于新手来说，他们的经验很少或者根本没有经验，解决问题的思维还没有建立起来，所以他们需要一份指明规则的指令清单，而且这份清单是由专家编写的。

对于高级新手而言，他们能或多或少地摆脱固定的规则。他们可以开始独自尝试新任务，但仍难以解决问题，而且没有建立起全局的思维以及模型。

对于胜任者来说，他们头脑里有可用的模型，能独立解决自己遇到的问题，并开始考虑如何解决新的问题。他们开始寻求和运用专家的意见，并有效利用。但是仍旧没有能力反思和自我纠正。

对于精通者和专家来说，他们已经有丰富的开发经验和成熟的思维模式，并且能够及时调整游戏开发的方向，快速解决程序开发中的突发问题。

1.3 本书的目标

本书主要针对游戏开发新手和高级新手。在本书的第二、三部分将会讲解游戏开发中前端和后台的基础知识，以及笔者使用的前端和后端的编程模型。相信这些模型会对这些从业人员起到指导性的作用，将新手和高级新手提升到胜任者等级。当然胜任者、精通者甚至专家也可以通过阅读本书从而有新的收获。

对读者的要求

对于客户端开发者，最好有 TypeScript 的使用经验，如果没有使用经验，有 Java 的使用经验也是可以的。

对于后台开发者，需要在 Java 平台开发方面有一定的经验，其中包括对 IDEA、Gradle、Spring 等有一定的使用经验。

此外，读者最好有面向对象的编程经验。

1.4 本章小结

　　本章和读者讨论了软件开发的关键，以及 H5 从业人员所面临的挑战。在随后的章节里，将解决这些挑战，让从业者不再为问题所烦恼，引领大家走向专业的开发道路。笔者个人精力、经验和能力有限，难免会有不足之处，还恳请大家批评指正。

　　接下来，正式开始学习之旅。

本部分将介绍Egret引擎的主要使用方法以及笔者开发的、基于 Egret 的前端框架 sparrow-egret 的使用方法。

Egret Engine 是一款使用 TypeScript 编写的 HTML5 游戏引擎，包含渲染、声音、用户交互、资源管理等诸多功能，解决了 HTML5 低性能、碎片化问题，可应用于 2D/3D 游戏开发以及移动端交互式应用构建，其拥有完善的跨平台运行能力，而且社区比较活跃。

另外，本部分中 sparrow-egret 是笔者实现的基于 Egret 的框架，可以简化 Egret 的开发。如这个框架对 Egret 资源加载进行了简化、通过场景堆栈来简化场景切换的操作，以及通过代理服务器来简化连接切换的问题。

第 2 章　Egret Engine 编程基础

本章将重点介绍 Egret 引擎的基本知识,这些知识是理解和使用 sparrow-egret 框架的关键。下面将会从功能介绍、安装与使用等方面来介绍 Egret 引擎。

2.1　Egret 引擎简介

Egret(白鹭)是一套完整的 HTML5 游戏开发解决方案,其中包括引擎和开发工具。该引擎主要使用 TypeScript 语言开发。

对于一款引擎来说,能否持续更新、升级以及维护是开发者选引擎时的首要关注点。因为引擎跟其他类型的软件一样,需要不断地根据需求做出变化。即使有暂时的缺陷与不足,也会在随后的版本里进行修复与改进。一旦停止变化,使用者也就将逐渐地离它而去。所以,一款长寿命的软件是没有最终版本的。

Egret 先后获得三家投资公司的融资,所以在可持续更新方面没有问题。而且软件厂商以及硬件厂商的自研应用开发平台的竞争初见端倪,相信 Egret 强大的跨平台能力能够让开发者轻松解决跨平台问题。

2.2　引擎的安装、配置与发布

2.2.1　安装 Egret 启动器

在浏览器中打开下面的网址:

https://www.egret.com/products/engine.html

在界面中会看到这样的按钮,如图 2-1 所示:

图 2-1　Egret 启动器下载按钮

单击这个按钮就可以下载 Egret 的启动器安装程序了。

Egret 启动器可以说是聚集了 Egret 的所有产品,通过它可以下载并使用 Egret 的所有产品。

这个启动器安装程序的外观如图 2-2 所示:

图 2-2　Egret 启动器安装文件外观

当阅读本书时，Egret 也许发布了更新版本的启动器，所以下载到的版本很可能与本书版本有所不同。

双击这个安装程序，会弹出用户账户控制对话框，选择"是"之后会弹出如下的对话框，如图 2-3 所示：

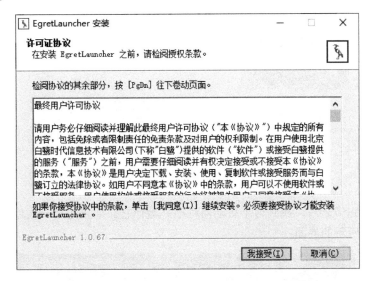

图 2-3　Egret 启动器安装界面

单击"我接受"按钮，然后程序就开始安装，如图 2-4 所示：

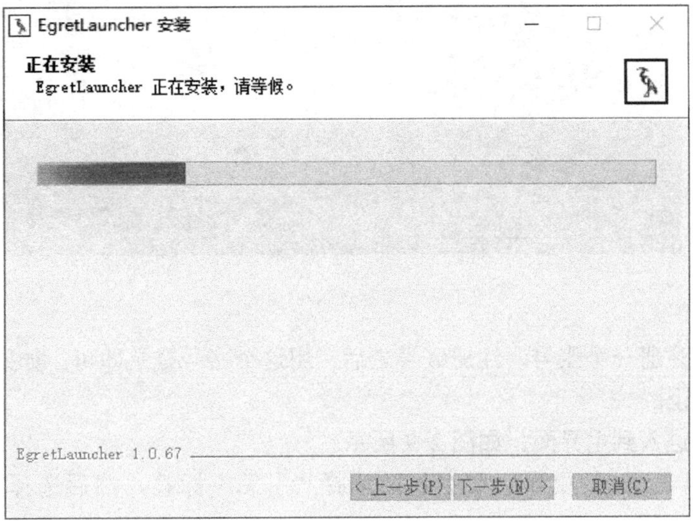

图 2-4　Egret 启动器开始安装

安装完成之后，会弹出如下对话框，然后单击"完成"按钮来完成安装，如图 2-5
所示：

图 2-5　Egret 启动器完成安装

2.2.2　启动 Egret 启动器并安装引擎和编辑器

启动器安装完毕之后，找到这个启动器程序并运行它。如果是第一次启动 Egret 启动器，
会出现如图 2-6 所示的界面：

图 2-6　Egret 启动器启动界面

这表明需要注册一个账号，注册账号之后，用这个账号登录即可。如果已经有账号了，
那么可以直接登录。

登录之后会进入到主界面，如图 2-7 所示。

首先去下载 Egret 的引擎，在主界面选择"引擎"标签，然后选择如下图 2-8 所示
的按钮：

图 2-7　Egret 启动器主界面

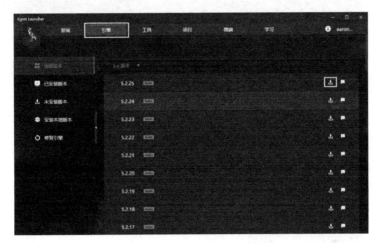

图 2-8　Egret 启动器的引擎模块

　　然后等待下载完毕。这样就将 Egret Engine 5.2.25 安装完毕了。这个就是引擎的主体。接着去下载编辑器，在主界面选择"工具"标签，然后选择如图 2-9 所示的"下载"按钮：

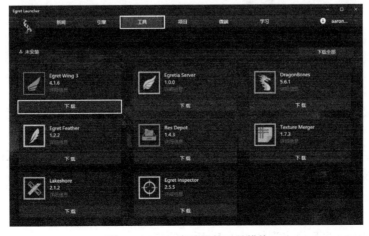

图 2-9　Egret 启动器的工具模块

下载完毕之后，单击"安装"按钮来安装编辑器 EgretWing，如图 2-10 所示：

图 2-10　安装 EgretWing

之后会弹出用户账户控制对话框，选择"是"之后会弹出如下的对话框，如图 2-11 所示：

图 2-11　EgretWing 的安装向导

然后按照提示完成安装即可。等待安装结束后会弹出如图 2-12 所示对话框，单击完成，结束安装。

EgretWing 是一款编辑器，通过这款编辑器可以做几乎所有的前端开发工作，其中包括编辑代码、编辑皮肤、执行命令、执行 git 命令等。

2.2.3　创建默认项目

启动 EgretWing 之后会出现如图 2-13 所示的窗口：

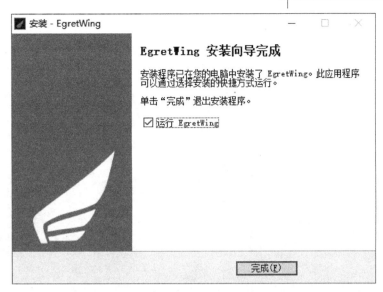

图 2-12　EgretWing 安装完成

图 2-13　EgretWing 编辑器窗口

单击"创建一个新项目"按钮,如图 2-14 所示:

图 2-14　创建一个新项目

单击"Egret 游戏项目"，然后会弹出创建项目对话框，如图 2-15 所示：

图 2-15　创建项目对话框

项目路径可以改为感兴趣的位置，然后单击"创建"按钮，随后 EgretWing 会打开这个默认项目，如图 2-16 所示：

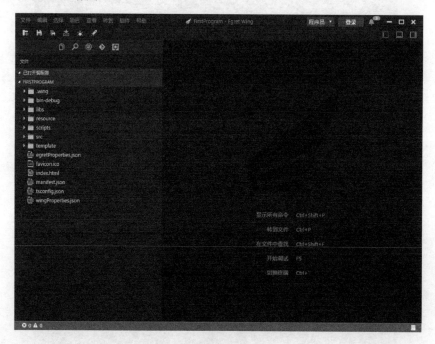

图 2-16　默认项目界面

运行一下这个默认项目，如图 2-17 所示：

图 2-17　启动默认项目

单击"调试"功能按钮 ，然后在这个按钮下方的下拉按钮中选择"Launch Wing Player"选项，然后单击左侧的三角按钮 ，启动调试，会出现如图 2-18 所示的界面：

图 2-18　默认项目启动界面

这是启动默认项目之后的画面，可以看看这个项目有什么功能。下面重点讲解项目的配置问题。

2.2.4 通过默认项目讲解项目配置

本节将讲解如何配置 Egret 项目，这需要打开上一节创建的默认项目。

（1）入口文件说明

项目文件夹中的 index.html 文件是整个项目**调试**的入口启动文件，其中的一个 div 元素代码如下所示，参见二维码 2-1：

二维码 2-1

该 div 元素内的属性的作用如下：

- data-entry-class：该属性指明入口类，这个类一定要是 egret. DisplayObjectContainer 的子类（egret. DisplayObjectContainer 将在 2.3 节介绍）。如果类带有命名空间，一定要把命名空间加上。
- data-orientation：指明旋转模式，除了 auto 模式外，还有 portrait 模式、landscape 模式和 landscapeFlipped 模式。关于旋转模式的详解，参见 3.5.2 节。
- data-scale-mode：指明缩放模式，除了 showAll 模式之外，还有 noScale、noBorder、exactFit、fixedWidth、fixedHeight、fixedNarrow 和 fixedWide 模式。关于缩放模式的详解，参见 3.5.1 节。
- data-frame-rate：指明帧频数。默认是 30，也就是每秒 30 帧。如果设置更高的帧数，但是设备的性能不够理想，那么在实际运行的时候也许达不到这个帧数。
- data-content-width：指明游戏内舞台的宽度。这个值的单位不是像素，笔者认为它是相对游戏素材（比如图片）尺寸的一个参考单位，因为实际宽度会根据设备的实际尺寸进行适配。
- data-content-height：指明游戏舞台的高度。这个值的单位仍旧是参考单位。
- data-multi-fingered：多指的最大数量。
- data-show-fps：指明是否显示 fps 帧频信息。
- data-show-log：指明是否显示 egret.log 的输出信息。
- data-show-fps-style：指明 fps 面板的样式。

二维码 2-2

在 index.html 的 script 标签内，有一段这样的代码，参见二维码 2-2：

Egret.runEgret 方法的参数是一个对象，这个对象的其中的两个字段可以修改：

- renderMode：指明引擎的渲染模式，可选的值有 canvas 和 webgl。
- audioType：指明音频的类型，可选的值有 0（默认）、2（web audio）、3（audio）。

至于 calculateCanvasScaleFactor 参数，它是用来指定屏幕的物理像素适配方法，使用默认值即可。

（2）项目配置文件说明

项目文件夹下的 egretProperties.json 文件就是项目的配置文件。这是目前该文件里的内容，参见二维码 2-3：

二维码 2-3

以下是对各个字段的说明：

- engineVersion：指明调试项目所运用的 Egret 引擎版本。
- compilerVersion：指明 Egret 命令行版本，也是发布时的引擎版本。
- template：如果存在该字段，在发布 HTML5 项目时，会使用 template/web/index.html 来作为入口文件。这也意味着，如果想发布 HTML5 项目，要确保 template/web/index.html

里的内容和项目文件夹下的 index.html 里的内容是一致的。这属于一种冗余，没必要地增加了开发者的负担。

- target：指明发布的平台类型。当开发者使用 egret 命令下的 build 和 publish 命令的时候，这个字段就起作用了，它指明了发布平台的类型。笔者推荐更高级的发布方法，就是通过 EgretWing 编辑器的菜单：插件->Egret 项目工具->发布 Egret 项目。这个字段是 Egret 历史遗留的产物，可以不去理会这个字段，而是去使用高级的发布方法。

- modules：指明项目中引用的所有库文件。这是一个数组对象，里面包含的是项目开发所需要的库配置对象。这种配置对象是以下面的形式指定的：

对于内置库：

```
{
    "name":  "<库的名称>"
}
```

对于第三方库：

```
{
    "name":  "<库的名称>",
    "path": "<库的存放路径>"
}
```

对于内置库，开发者可以使用以下的库名称：

- egret：引擎核心库。
- egret3d：引擎 3D 库。
- assetsmanager：资源管理模块。
- dragonBones：龙骨模块，该模块是一个 2D 动画模块。
- eui：UI 组件模块。
- game：游戏库。
- media：多媒体库。
- socket：websocket 网络通信库。
- tween：缓动动画库。

除了前两个模块以外，其余模块是 Egret 自带的扩展库。扩展库将在第 4 章进行讲解。

在修改了该配置文件的内容之后，需要执行 EgretWing 菜单：项目->清理 命令，进行重新构建，从而确保改动生效。

注意：不要将任何第三方库放到项目文件夹的 libs/modules 里，因为在执行菜单：项目->清理命令之后，程序会自动把配置文件里没有指定的库完全删除。

（3）tsconfig 配置文件

项目文件夹下的 tsconfig.json 文件是 TypeScript 项目的配置文件，TypeScript 编译器编译代码之前，会首先读取这个配置文件，并根据其中的属性来设置 TypeScript 项目的编译参数。

二维码 2-4

目前这个文件里面的内容是这样的，参见二维码 2-4：

对于几乎所有的 Egret 项目而言，这个配置文件无须改动。但是在编译第三方库的时候，

其中的参数就需要斟酌一下了。关于第三方库的相关知识将会在 2.2.5 节中讲解。

2.2.5　第三方扩展库

Egret 官方并没有提供全部开发者需要的功能，所以需要重用别人或者自己开发的库。这就要求 Egret 能够引入第三方库。

第三方库可以是用 TypeScript 开发库，也可以是用 JavaScript 实现的库，在编译二者的时候，编译的配置文件是存在区别的，开发者需要特别注意。

因为 TypeScript 代码不能直接调用 JavaScript 库的 API，所以 TypeScript 团队提供了一套声明语法，作用与 C 语言的头文件类似。这种声明文件的扩展名为 d.ts。大多数 JavaScript 类库的官方已经提供了对应的 d.ts 文件，有些是社区开发者提供的。如果开发者没有找到对应的 d.ts 文件，也可以自己编写，编写方法可以参见：

https://github.com/vilic/typescript-guide/blob/adaaef2281150e57657e5b67368f592a968fad8f/入门指南/使用 JS 类库.md

sparrow-egret 是一个笔者开发的第三方库，当然开发者也可以制作自己的第三方库，这样就可以实现重用了。当开发者准备好了第三方库后，还需要把它编译成 Egret 需要的模块结构。接下来重点介绍一下如何编译第三方库。

（1）创建第三方库

打开命令控制台，进入一个自己喜欢的文件夹，使用如下的 egret 命令来创建一个第三方库：

```
egret create_lib ThirdLib
```

其中 ThirdLib 是自定义的库的名称。

执行该命令之后，会在当前文件夹内生成一个称为 ThirdLib 的文件夹，而且在该文件夹内生成两个文件：package.json 和 tsconfig.json。然后在 ThirdLib 文件夹内手动创建三个文件夹：src、bin 以及 typings。

其中 package.json 的内容如下：

```
{
    "name": "ThirdLib",
    "compilerVersion": "5.2.25"
}
```

以下是对各个字段的解释：

name：指库名称。

compilerVersion：指编译器的版本，而且开发者要确保该版本的引擎已经通过 Egret 启动器下载完毕，也就是能保证该版本引擎已经存在于本地电脑上，否则编译会报错。

二维码 2-5

对于 tsconfig.json 文件，它的内容如下，参见二维码 2-5：

以下是对各个字段的解释：

compilerOptions.target：编译的目标版本，大多数情况下不需要修改这个值。

compilerOptions.noImplicitAny：这个属性指明在项目中是否强制任意类型的对象声明带

上 any 类型标识符。如果该值是 false，则强制带有 any 标识符，否则会编译报错，大多数情况下不需要修改这个值。

compilerOptions.sourceMap：指明是否生成 map 文件，大多数情况下不需要修改这个值。

compilerOptions.declaration：指明是否生成 d.ts 文件，如果是 TypeScript 库则设置为 true，如果是 JavaScript 库则设置为 false。

compilerOptions.outFile：指明库文件的生成路径。

include：参与编译的文件所在的文件夹。

（2）配置 TypeScript 库

如果创建的是 TypeScript 库，需要把所有的 ts 文件放到 src 文件夹内，而且 tsconfig.json 文件保持不变。

（3）配置 JavaScript 库

如果创建的是 JavaScript 库，需要把所有的 js 文件放到 src 文件夹内，而且要对 tsconfig.json 和 package.json 进行修改。其中对 tsconfig.json 的修改如下，参见二维码 2-6：

二维码 2-6

其中黑体的部分表明了需要修改的地方。

对于 package.json，它需要做如下的修改：

```
{
    "name": "ThirdLib",
    "compilerVersion": "5.2.25",
    "typings": "typings/ThirdLib.d.ts"
}
```

typings 字段表明声明文件的位置，这也就需要开发者把 JS 库对用的 d.ts 文件放到 typings 文件夹内。

（4）编译第三方库

打开命令控制台，将路径定位到 ThirdLib 文件夹内，然后执行以下命令：

```
egret build
```

命令执行完毕之后，编译任务就完成了，而且编译之后的文件会放在 bin 文件夹内。

（5）使用第三方库

如果想把第三方库引进项目，就需要像 2.2.4 节讲述的那样，修改 egretProperties.json 文件了，这需要在 modules 字段里做如下修改，参见二维码 2-7：

二维码 2-7

然后执行 EgretWing 菜单命令：项目->清理，从而使修改生效。这样这个第三方库就引入到当前项目了。

（6）Egret 提供的第三方库

Egret 提供了几个第三方库，开发者可以根据需要进行使用：

● JSZip 库

下载地址：https://github.com/egret-labs/egret-game-library/tree/master/jszip

教程文档：

http://developer.egret.com/cn/github/egret-docs/extension/jszip/jszip/index.html

● mouse 鼠标支持库

下载地址：https://github.com/egret-labs/egret-game-library/tree/master/mouse

教程文档：

http://developer.egret.com/cn/github/egret-docs/extension/mouse/mouse/index.html

● P2 物理系统库

下载地址：https://github.com/egret-labs/egret-game-library/tree/master/physics

教程文档：http://developer.egret.com/cn/github/egret-docs/extension/p2/p2/index.html

● Particle 粒子库

下载地址：https://github.com/egret-labs/egret-game-library/tree/master/particle

教程文档：

http://developer.egret.com/cn/github/egretdocs/extension/particle/introduction/index.html

● Titled 瓦片地图库

下载地址：https://github.com/egret-labs/egret-game-library/tree/master/tiled

教程文档：http://edn.egret.com/cn/docs/page/718

2.2.6 发布项目

当开发者制作完项目，就可以开始考虑发布项目。执行 EgretWing 菜单命令：插件->Egret 项目工具->发布 Egret 项目，这样 Egret 启动器会弹出发布对话框，如图 2-19 所示：

图 2-19 游戏平台发布对话框

这里有很多可以发布的平台。本书重点介绍 HTML5 的发布方法，其他发布方法可以参见 Egret 官方文档。

在 HTML5 发布页面，单击"确定"按钮就可以发布项目了。发布之后的程序文件存在项目目录的 bin-release/web 文件夹内。

2.3 显示对象和显示容器

本节开始讲解组成 Egret 项目的基本元素：显示对象（DisplayObject）和显示容器（DisplayObjectContainer）。就像任何客户端编程技术一样，Egret 也采用这种节点和节点容器的方式，从而形成一种树形结构来显示界面。如果了解设计模式的话，就知道这个设计使用了组合设计模式。这种模式使得添加节点、查找节点和删除节点非常方便，而且会产生非常复杂多变的结构，足以满足客户端开发的需求。

2.3.1 舞台

麦克康奈尔在《代码大全 2》中指出，编程就是打比方。笔者认同这个观点，而且笔者一直以面向对象的思维方式工作。在 Egret 中，该引擎也打了一个比方，这个比方就是舞台。游戏玩家就像观看话剧的观众，他们只会看到舞台上展现的演员和道具。

在 Egret 里也是这样，玩家只能看到放到舞台上的显示对象。舞台（Stage）、显示对象（DisplayObject）、显示容器（DisplayObjectContainer）的继承关系如图 2-20 所示：

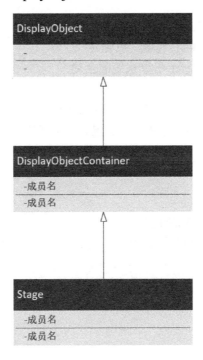

图 2-20　Stage 类的继承关系

可以把 Stage 对象看成是树形结构的根节点。在 2.2.4 一节中提到了 data-entry-class 字段可以指定入口类，而且这个类是 DisplayObjectContainer 的子类。由此可以猜测到，Egret 项目在运行的时候会生成入口类的一个对象，然后将这个对象放到 Stage 对象的子节点上，然后所

有作为入口类对象的子节点都会显示出来。

常见的显示对象有图形（Shape）、文字、视频和图片等，它们都是 DisplayObject 的子类。表 2-1 介绍 Egret 中自带的 8 个显示相关的核心类：

表 2-1　Egret 自带的 8 个显示相关的核心类

类	描　　述
DisplayObject	显示对象基类，所有显示对象均继承自此类
Bitmap	位图，用来显示图片
Shape	用来显示矢量图，可以使用其中的方法绘制矢量图形
TextField	文本类
BitmapText	位图文本类
DisplayObjectContainer	显示对象容器接口，所有显示对象容器均实现此接口
Sprite	带有矢量绘制功能的显示容器
Stage	舞台类

2.3.2　坐标系统以及基本属性

Egret 使用一套坐标系统，从而去给显示对象定位，如图 2-21 所示：

左上角是舞台坐标的原点，该点和屏幕的左上角重合。横轴是 X 轴，数值向右递增。纵轴是 Y 轴，数值向下递增。这就是 Egret 引擎系统的全局坐标。

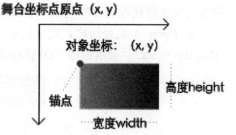

图 2-21　舞台坐标系

图中灰色矩形的左上角点表示锚点，该锚点的坐标就是该矩形的坐标。通过显示对象的 x 和 y 属性就可以访问和修改该对象的坐标位置。示例代码如下：

```
let shape: egret.Shape = new egret.Shape();
shape.x = 100;
shape.y = 20;
```

Shape 类是 DisplayObject 类的子类。

除了可以通过 x、y 属性来修改显示对象的状态，还可以修改以下的几个基本属性：

- alpha：透明度。
- width：宽度。
- height：高度。
- rotation：旋转角度。
- scaleX：横向缩放。
- scaleY：纵向缩放。
- skewX：横向斜切。
- skewY：纵向斜切。
- visible：是否可见。
- anchorOffsetX：对象绝对锚点 X。

● anchorOffsetY：对象绝对锚点 Y。

　　局部坐标是显示对象以及显示容器内部建立的坐标系统，跟系统和全局坐标系统类似，只不过原点在显示对象或显示容器的锚点上。任何显示对象和显示容器的坐标值，都是相对父显示对象的局部坐标而言的。

2.3.3　添加与删除显示对象

　　打开 Egret 启动器，选择"项目"标签，然后单击"创建项目"按钮，如图 2-22 所示：

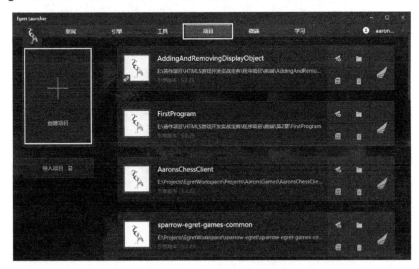

图 2-22　在 Egret 启动器项目模块里创建项目

　　这时会弹出创建项目对话框，如图 2-23 所示：

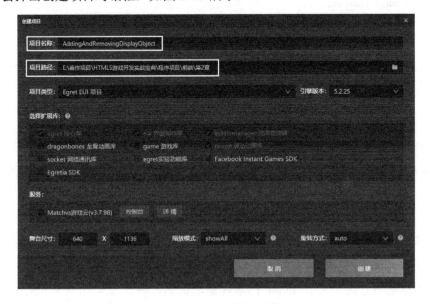

图 2-23　创建项目对话框

　　在"项目名称"栏里输入"AddingAndRemovingDisplayObject"，"项目路径"栏里输入路

径，然后单击"创建"按钮。这样，就创建了一个默认的 Egret 项目。

然后删除项目文件夹内 src 文件夹内的所有文件，这些文件是默认项目的代码，对于目前这个项目而言是没有用处的。

然后在 EgretWing 里右键单击 src 文件夹，在弹出的右键菜单里选择：创建模板文件->新建 TypeScript 类，这时会弹出如图 2-24 所示的对话框：

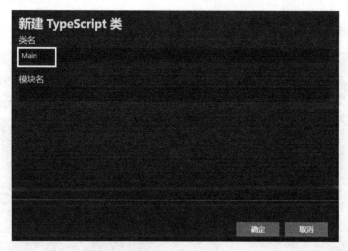

图 2-24　新建 TypeScript 类对话框

在类名栏内输入"Main"，然后单击"确定"按钮，这样就在 src 文件夹内创建了一个称为 Main.ts 的文件，这个文件就是这个项目的入口类。它里面的内容如下：

```
class Main {
    public constructor() {
    }
}
```

在"2.2.4 入口文件说明"一节中介绍过，入口类要继承于 DisplayObjectContainer 类，除此之外，还要添加额外的代码，代码如下所示：

```
1   class Main extends egret.DisplayObjectContainer {
2   public constructor() {
3       super();
4       this.addEventListener(egret.Event.ADDED_TO_STAGE, this.onAddToStage, this);
7   }
8
9   private onAddToStage(e: egret.Event): void {}
12  }
```

黑体字表示需要添加的代码。跟目前现代的大多数流行的图形用户界面编程一样，Egret 采用了事件驱动的方式（关于 Egret 的事件驱动机制，将在 2.8 节对其进行介绍）。那么 DisplayObject 及其子类就可以添加事件的响应方式，DisplayObject. addEventListener 就是添加事件处理方法的接口。那么上面代码的意图就是，当 Main 类的对象被添加到舞台上之后（触发了 egret.Event.ADDED_TO_STAGE 事件），会调用 Main 类的 onAddToStage 方法。这就意味着在 onAddToStage 里添加的代码，都会在项目运行的时候执行。

然后在 onAddToStage 方法里添加如下的代码：

```
1    private onAddToStage(e: egret.Event): void {
2        let sprite: egret.Sprite = new egret.Sprite();
3        sprite.graphics.beginFill(0x00ff00);
4        sprite.graphics.drawRect(0, 0, 100, 100);
5        sprite.graphics.endFill();
6
7        this.addChild(sprite);
8    }
```

先运行一下这个项目，单击 EgretWing 的调试标签 ，然后再单击标签下方的三角按钮 ，这样就会启动调试播放器，如果执行调试播放器的菜单命令：横竖屏->垂直视图，显示效果会更准确一些。会看到在窗口的左上角有一个绿色的正方形，如图 2-25 所示：

图 2-25　程序运行结果（绘制正方形）

结合上一个代码清单。从代码的第 2 行到第 5 行，创建了一个称为 sprite 的 egret.Sprite 对象，在 "2.3.1 舞台" 一节了解到 Sprite 类是显示容器的子类，通过它可以绘制矢量图形。sprite 有一个称为 graphics 的子对象，该子对象具有绘制矢量图形的全部功能。

在绘制项目中的绿色矩形之前，需要执行该子对象的 beginFill 方法（代码第 3 行），从而告诉系统要开始绘制了，而且也要告诉系统要绘制的图形的颜色，这个是通过该方法的第一个参数来指定的。然后就可以绘制矩形了（代码第 4 行）。drawRect 方法的原型如下：

drawRect(**x**: number,　**y**: number,　**width**: number,　**height**: number): void;

它有四个参数，这四个参数的作用如下所示：

● x：相对父显示对象 x 坐标的水平距离。
● y：相对父显示对象 y 坐标的垂直距离。
● width：矩形的宽度。
● height：矩形的高度。

然后，还要告诉系统已经绘制完毕了，这个是通过 endFill 方法完成的（代码第 5 行）。

这样就将绘制的矩形添加到 sprite 对象的子节点里了。如果想把这个 sprite 对象显示出来，还需要把它放到舞台上。Main 类对象已经放到舞台上了，那么只要把这个 sprite 对象放到 Main

类对象的子节点下就可以了。DisplayObjectContainer 类对象的 addChild 方法（代码第 7 行）就可以把一个显示对象添加到子节点里，所以它可以把 sprite 对象放到 Main 类对象的子节点下，因为 Main 类也继承了该方法。addChild 方法的原型如下：

```
addChild(child: DisplayObject): DisplayObject;
```

返回值是参数中传递的 DisplayObject 实例。

关于颜色值

在上面的例子里，在 beginFill 里指定了一个颜色值——0x00ff00。这个值是一个十六进制的数字，其中前两个数字表示红色的值，中间两个数字表示绿色的值，最后两个数字表示蓝色的值。

然后在上面的基础上添加一行代码：

```
1    private onAddToStage(e: egret.Event): void {
2        let sprite: egret.Sprite = new egret.Sprite();
3        sprite.graphics.beginFill(0x00ff00);
4        sprite.graphics.drawRect(0, 0, 100, 100);
5        sprite.graphics.endFill();
6
7        this.addChild(sprite);
8
9        this.removeChild(sprite);
10   }
```

然后运行一下调试播放器，如图 2-26 所示：

图 2-26　程序运行结果（删除正方形）

可以看到刚才创建的绿色矩形消失了。removeChild 方法（代码第 9 行）就是用来删除子节点的。这个 sprite 对象虽然已经被删除了，但是这只能表明它从舞台上移除了，它仍旧在内存中。

课后作业：在已有的代码基础上，创建第二个矩形，把它指定为红色，坐标不再是原点。改变它的 x、y 坐标，或者其他属性，看看有什么变化。然后再删除它。

2.3.4 深度管理

一个显示容器会有多个子节点，那么子节点的绘制顺序是怎么确定的呢？（思考一下，如果没有绘制顺序，开发者怎么指定叠放效果呢？）

跟其他流行的绘图引擎一样，Egret 为每个子节点赋予一个深度值就解决了上述问题。

显示容器里的深度值是从 0 开始的，当第一个显示对象被添加到容器中时，它的深度值是 0。当添加第二个显示对象的时候，它的深度值是 1，并且在第一个显示对象的上方。

二维码 2-8

在 Egret 启动器里创建一个新项目，项目名称为"DepthOrder"，将 src 文件夹内的文件全部删除，再在里面创建一个 Main.ts 类文件（如上一节所示）。然后添加如下的代码（该代码来源于 Egret 官方文档），参见二维码 2-8：

然后运行调试播放器，会看到如图 2-27 所示的效果：

图 2-27 程序运行结果（叠放效果）

代码里先后在舞台上添加了两个矩形——一个红色，一个绿色。就像之前说的，后添加的绿色矩形会覆盖先添加的红色矩形，红色矩形的深度值是 0，绿色矩形的深度值是 1。那如果想让红色矩形覆盖绿色矩形，那应该怎么做呢？

在 onAddToStage 方法里做出如下修改，参见二维码 2-9：

运行调试播放器，会发现红色矩形确实覆盖了绿色矩形。

这里的代码把 addChild 方法换成了 addChildAt 方法，该方法的原型如下：

二维码 2-9

```
addChildAt(child: DisplayObject, index: number): DisplayObject;
```

该方法的第一个参数和返回值的含义和 addChild 是一样的。对于第二个参数 index，代码文档里是这样解释的：

> @param index 添加该子项的索引位置。如果指定当前占用的索引位置，则该位置以及所有更高位置上的子对象会在子级列表中上移一个位置。

这个 index 值实际上就是深度值。将红色矩形的深度值设为 1，将绿色矩形的深度值设为 0，自然就会让红色矩形覆盖绿色矩形。如果想知道当前显示对象的深度值，可以访问该对象的 zIndex 属性。

课后作业： 如果把上面的代码清单做出如下修改，参见二维码 2-10：
运行调试播放器看看运行效果，尝试解释一下为什么会出现这种结果。

二维码 2-10

本节将讲解矢量绘图。上一节讲到 graphics 对象是绘制矢量图形的关键，它具备绘制矢量图形的全部功能。本节将更具体地讲解一下它的其他用法。

graphics 对象的类型是 Graphics，这个类不能直接使用，而是需要在一些显示对象，比如 Shape 和 Sprite 类里间接使用。

上一节已经讲解了如何绘制矩形，这一节将重点介绍如何绘制圆形、直线、曲线、圆弧，这些代码都来源于 Egret 的官方文档。

2.4.1 绘制圆形

首先创建一个称为 "GraphicsDrawing" 的项目，删除 src 里的所有文件，然后创建一个称为 Main.ts 的类文件，添加如下代码，参见二维码 2-11：

二维码 2-11

运行调试播放器，会看到这样的运行效果，如图 2-28 所示：

图 2-28　程序运行结果（绘制圆形）

上面的代码首先创建了一个 Shape 类型的对象——shape（第 13 行），然后把它的坐标设置为(100, 100)（第 14、15 行）。然后设置了边框的样式（第 16 行），这里使用 lineStyle 方法来设置边框样式，如果是绘制直线，那它的作用就是设置线的样式。它的原型如下：

```
lineStyle(thickness?: number,
          color?: number,
          alpha?: number,
          pixelHinting?: boolean,
          scaleMode?: string,
          caps?: string,
          joints?: string,
          miterLimit?: number,
          lineDash?: number[]): void;
```

它的参数都是可选的。以下是对各个参数的解释：

● thickness：一个整数，以点为单位表示线条的粗细，有效值为 0～255。如果未指定数字，或者未定义该参数，则不绘制线条。如果传递的值小于 0，则默认值为 0。值 0 表示极细的粗细；最大粗细为 255。如果传递的值大于 255，则默认值为 255。

- color：线条的十六进制颜色值（例如，红色为 0xFF0000，蓝色为 0x0000FF 等）。如果未指明值，则默认值为 0x000000（黑色）。可选。
- alpha：表示线条颜色的 Alpha 值的数字；有效值为 0～1。如果未指明值，则默认值为 1（纯色）。如果值小于 0，则默认值为 0。如果值大于 1，则默认值为 1。
- pixelHinting：布尔型值，指定是否提示笔触采用完整像素。它同时影响曲线锚点的位置以及线条笔触大小本身。在 pixelHinting 设置为 true 的情况下，线条宽度会调整到完整像素宽度。在 pixelHinting 设置为 false 的情况下，对于曲线和直线可能会出现脱节。
- scaleMode：用于指定要使用的比例模式。
- caps：用于指定线条末端处端点类型的 CapsStyle 类的值。默认值：CapsStyle.ROUND。
- joints：指定用于拐角的连接外观的类型。默认值：JointStyle.ROUND。
- miterLimit：用于表示剪切斜接的极限值的数字。
- lineDash：设置虚线样式。

在第 18 行，使用 drawCircle 方法来绘制圆形，它的原型如下：

```
drawCircle(x: number, y: number, radius: number): void;
```

以下是对各个参数的解释：

- x：圆心的 x 坐标，相对父显示对象 x 坐标的水平距离。
- y：圆心的 y 坐标，相对父显示对象 y 坐标的垂直距离。
- radius：圆的半径（以像素为单位）。

2.4.2　绘制直线

继续刚才的项目，在 Main 类里继续添加如下的代码，参见二维码 2-12：
而且 onAddToStage 方法也要做出修改：

二维码 2-12

```
1    private onAddToStage(e: egret.Event): void {
2      this.drawCircle();
3      this.drawLines();
4    }
```

运行调试播放器观看结果，如图 2-29 所示：

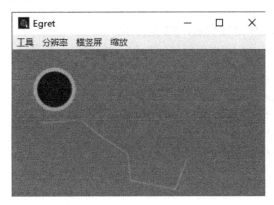

图 2-29　程序运行结果（绘制直线）

游戏开发实战宝典

程序绘制出几个不规则但是连续的直线。

在 drawLines 方法里，代码在第 3 行设置了直线的样式，其中的 lineStyle 方法已经在上一节讲过了。第 4 行代码将直线的起点设置为(68, 84)，这个坐标是相对于父节点——shape 对象的。其中的 moveTo 方法原型如下：

moveTo(x: number, y: number): void;

以下是对各个参数的解释：

- x：起点的 x 坐标，相对父显示对象 x 坐标的水平距离。
- y：起点的 y 坐标，相对父显示对象 y 坐标的垂直距离。

第 5 行代码将直线的下一个点设置为(167, 76)，并且在起点和该点之间，根据直线样式绘制一条直线。其中的 lineTo 方法原型如下：

lineTo(x: number, y: number): void;

以下是对各个参数的解释：

- x：下一个点的 x 坐标，相对父显示对象 x 坐标的水平距离。
- y：下一个点的 y 坐标，相对父显示对象 y 坐标的垂直距离。

第 6 行代码将直线的下一个点设置为(221, 118)，并且在上一个点和该点之间，根据直线样式绘制一条直线。随后代码的作用是一样的。

在 onAddToStage 方法里，调用 drawLines 方法才能将这些直线放到舞台上。

2.4.3 绘制曲线

Egret 里使用的曲线绘制方法采用二次贝塞尔曲线方法，图 2-30 是二次贝塞尔曲线的结构图：

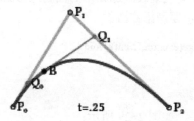

图 2-30　曲线的结构（图片来源于 Egret 官方文档）

其中 P0 是起始点，P1 是控制点，P2 是终点。

继续之前的项目，在 Main 类里继续添加如下的代码：

```
1    private drawCurve(): void {
2        let shape:egret.Shape = new egret.Shape();
3        shape.graphics.lineStyle( 2, 0x00ff00 );
4        shape.graphics.moveTo( 50, 250);
5        shape.graphics.curveTo( 100,300, 200,250);
6        shape.graphics.endFill();
7        this.addChild( shape );
8    }
```

而且 onAddToStage 方法也要做出修改：

```
1    private onAddToStage(e: egret.Event): void {
2      this.drawCircle();
3      this.drawLines();
4      this.drawCurve();
5    }
```

运行调试播放器观看结果，如图 2-31 所示：

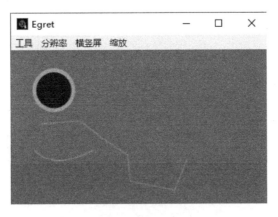

图 2-31　程序运行结果（绘制曲线）

程序在直线段下方绘制出一段曲线。

接着在 drawCurve 方法里，代码在第 4 行将曲线的起点设置为(50, 250)，即图 2-30 中的 P0，第 5 行代码将绘制出一段曲线，其中的 curveTo 方法的原型如下（结合图 2-30）：

```
curveTo(controlX: number,
        controlY: number,
        anchorX: number,
        anchorY: number): void;
```

以下是对各个参数的解释：

- controlX：控制点 P1 的 x 坐标，相对父显示对象 x 坐标的水平距离。
- controlY：控制点 P1 的 y 坐标，相对父显示对象 y 坐标的垂直距离。
- anchorX：锚点 P2 的 x 坐标，相对父显示对象 x 坐标的水平距离。
- anchorY：锚点 P2 的 y 坐标，相对父显示对象 y 坐标的垂直距离。

在 onAddToStage 方法里，调用 drawCurve 方法才能将这个曲线放到舞台上。

2.4.4　绘制圆弧

继续之前的项目，在 Main 类里继续添加如下的代码：

```
1    private drawArc(): void {
2      var shape:egret.Shape = new egret.Shape();
3      shape.graphics.beginFill(0x1122cc);
4      shape.graphics.drawArc(150, 450, 100, 0, Math.PI, true);
```

```
5        shape.graphics.endFill();
6        this.addChild(shape);
7    }
```

而且 onAddToStage 方法也要做出修改：

```
1    private onAddToStage(e: egret.Event): void {
2      this.drawCircle();
3      this.drawLines();
4      this.drawCurve();
5      this.drawArc();
6    }
```

运行调试播放器观看结果，如图 2-32 所示：

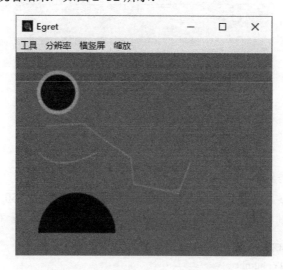

图 2-32　程序运行结果（绘制圆弧）

在曲线下方绘制出一个弧形。

在 drawArc 方法里，代码在第 4 行绘制了一个圆弧，其中的 drawArc 方法的原型如下：

```
drawArc(x: number,
        y: number,
        radius: number,
        startAngle: number,
        endAngle: number,
        anticlockwise?: boolean): void;
```

以下是对各个参数的解释：
- x：圆弧中心（圆心）的 x 轴坐标，相对父显示对象 x 坐标的水平距离。
- y：圆弧中心（圆心）的 y 轴坐标，相对父显示对象 y 坐标的垂直距离。
- radius：圆弧的半径。
- startAngle：圆弧的起始点，由 x 轴方向开始计算，单位以弧度表示。
- endAngle：圆弧的终点，单位以弧度表示。

- anticlockwise：如果为 true，逆时针绘制圆弧，反之，顺时针绘制。该参数是可选的，如果没指定这个参数，则按顺时针绘制。

2.5 遮罩

所有的显示对象都有遮罩功能，显示对象的遮罩决定了该显示对象的显示区域，而且不显示遮罩对象。遮罩对象的类型是 DisplayObject 或者 Rectangle。

二维码 2-13

下面创建一个称为"Mask"的项目，删掉 src 文件夹内的所有文件，在 src 文件夹内创建一个称为 Main.ts 的类文件，然后对其做出如下修改，参见二维码 2-13：

运行调试播放器观看效果，如图 2-33 所示：

图 2-33　程序运行结果（创建图形）

然后对 onAddToStage 方法做出如下修改，参见二维码 2-14：

运行调试播放器观看效果，如图 2-34 所示：

二维码 2-14

图 2-34　程序运行结果（隐藏图形）

圆圈变成了正方形的显示区域，圆圈之外的正方形区域被隐藏了。

在第一个代码清单中，在舞台上创建了一个正方形和一个圆形。在第二个代码清单中，将正方形的遮罩指定为这个圆形对象，这样就只绘制正方形的圆形区域了。

2.6 碰撞检测

碰撞检测分为两种，一种是边框级别的碰撞检测，另一种是像素级别的碰撞检测。

2.6.1 边框级别的碰撞检测

边框级别的检测会检查显示对象的矩形边框是否与检测点发生重叠。

首先创建一个称为"Collision"的项目，删除 src 文件夹内的所有文件，然后在 src 文件夹内创建一个称为 Main.ts 的类文件，并对其做出如下修改，参见二维码 2-15：

运行调试播放器观看效果，如图 2-35 所示：

二维码 2-15

图 2-35　程序运行结果（边框级碰撞检测）

结果表示监测点和红色圆形的边框发生了碰撞。

在上一个代码清单中，第 8 行代码声明了一个 TextField 对象，这个类将在下一节进行介绍。在代码的第 14 行，绘制了一个圆形，该圆形的圆心在(0, 0)，半径是 25，那么它的边框的边长就是 50，左上角在(-25, -25)，中心在(0, 0)。第 19 行代码用点(25, 25)对该圆形进行碰撞检测，并将结果保存在 isHit 布尔变量里，其中的 hitTestPoint 方法的原型如下：

hitTestPoint(x: number,　y: number,　**shapeFlag**?: boolean): boolean;

以下是对各个参数的解释：
- x：要测试的此对象的 x 坐标。
- y：要测试的此对象的 y 坐标。
- shapeFlag：如果是 true，表明要执行像素级别的检测，否则就是边框级别的检测。这个参数是可选的，如果开发者没有指定这个参数，则进行边框级别的检测。

对于返回结果，如果显示对象与指定的点重叠或相交，则为 true；否则为 false。

检测点(25, 25)正好在圆形边框的左下角，所以结果就返回了 true，并将结果显示了出来。

2.6.2　像素级别的碰撞检测

像素级别的检测就是检查显示对象的每一个像素是否与检测点发生重叠。对上面代码清单里的 onAddToStage 方法做出如下修改，参见二维码 2-16：

运行调试播放器观看结果，如图 2-36：

二维码 2-16

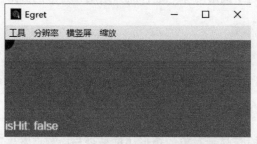

图 2-36　程序运行结果（像素级碰撞检测）

通过运行结果可以看出来，碰撞检测的结果是没有发生碰撞。

在上面代码清单的第 10 行，给碰撞检测方法 hitTestPoint 的第三个参数指定为 true，这表示将采用像素级别的检测。因为点(25, 25)没有跟圆形内部的任何像素重叠，所以该方法会返回 false。

2.7 文本

Egret 提供了三种文本类型：普通文本、输入文本以及位图文本，而且文本对象支持多种样式。

2.7.1 三种文本类型

首先创建一个称为"Text"的项目，将 src 文件夹内的文件全部删除，然后在其内部创建一个称为 Main.ts 的类文件，对其进行如下修改，参见二维码 2-17：

二维码 2-17

运行调试播放器观看结果，如图 2-37 所示：

图 2-37　程序运行结果（普通文本）

在第 13 行，创建了一个 TextField 对象，在第 14 行，将它的 text 属性设置为"This is a text!"，这个设置的结果会立即显示出来。

以上是普通文本的示例，接下来讲解一下输入文本。继续上一个项目，在 Main 类里继续添加如下的代码，参见二维码 2-18：

onAddToStage 方法里也要做出对应的修改：

二维码 2-18

```
1    private onAddToStage(): void {
2        this.drawSimpleText();
3        this.drawInputText();
4    }
```

运行调试播放器观看结果，如图 2-38 所示：

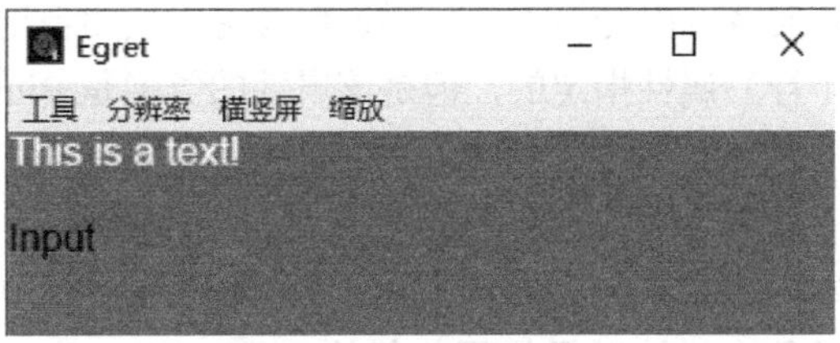

图 2-38　程序运行结果（输入文本）

在普通文本下面出现一个黑色的文本，单击这个黑色文本的后，就可以编辑这个文本，这个就是输入文本对象。输入文本对象与普通文本对象的区别就在于第 3 行代码：

```
txInput.type = egret.TextFieldType.INPUT;
```

二维码 2-19

这句代码可以把普通文本变为输入文本。

接下来讲解一下位图文本，继续之前的项目，在 Main 类中继续添加以下代码，参见二维码 2-19：

onAddToStage 方法也要做出修改：

```
private onAddToStage() {
    this.drawSimpleText();
    this.drawInputText();
    RES.addEventListener(RES.ResourceEvent.CONFIG_COMPLETE, this.onResourceConfig-
Complete, this);
    RES.addEventListener(RES.ResourceEvent.GROUP_COMPLETE, this.onGroupLoadCom-
plete, this);
    RES.loadConfig("resource/default.res.json", "resource/");
}
```

运行项目之前要确保项目文件夹内的 resource 文件夹内有 cartoon-font.fnt 和 cartoon-font.png 两个文件。

运行调试播放器观看结果，如图 2-39 所示：

图 2-39　程序运行结果（位图文本）

在 onAddToStage 方法里添加的方法涉及了 Egret 的资源加载功能，这个知识点将会在下一章介绍，这里只需要了解这些代码的功能就是加载了资源的配置文件，并在随后加载了资源即可。

在位图文本中第一个代码清单的第 10 行，创建了一个 new egret.BitmapText 类的对象，该类的用法和 egret.TextField 类的用法相似，只不过前者可以使用自定义的位图字体，而且字体也是通过 font（代码第 11 行）属性指定的，但是该属性的类型是 BitmapFont，而不是字符串。

2.7.2　文本样式

开发者可以使用文本样式来指定文字的外观。本节将介绍几种常见的文本样式属性。

（1）字体、字号、颜色、描边以及加粗与斜体

创建一个称为 "TextStyle" 的新项目，删除 src 文件夹内的所有文件，然后创建一个称为

Main.ts 的类文件，然后做出如下修改，参见二维码 2-20：

运行调试播放器观看结果，如图 2-40 所示：

图 2-40　程序运行结果（设置字体）

可以看到，把文字的字体设置为"Impact"了。

在代码的第 13 行，通过 TextField 对象的 fontFamily 属性来改变字体。接下来改变一下字号。继续上一个项目，对其做出如下修改：

```
1    private onAddToStage(): void {
2        let label: egret.TextField = new egret.TextField();
3        this.addChild(label);
4        label.width = 1700;
5        label.height = 70;
6        label.fontFamily = "Impact";
7        label.text = "This is a text!";
8        label.size = 50;
9    }
```

启动调试播放器观看结果，如图 2-41 所示：

图 2-41　程序运行结果（设置字号）

文字明显变大了。在代码的第 4 行，把文本的宽度加大了，否则如果增大字号会裁剪文本。代码的第 8 行，通过 size 属性，将字号设为 50。

接下来看一下文本的颜色。继续之前的项目，对其做出如下修改：

```
1    private onAddToStage(): void {
2        let label: egret.TextField = new egret.TextField();
3        this.addChild(label);
4        label.width = 1700;
5        label.height = 70;
6        label.fontFamily = "Impact";
7        label.text = "This is a text!";
8        label.size = 50;
9        label.textColor = 0xff0000;
```

```
10   }
```

运行调试播放器观看结果，如图 2-42 所示：

图 2-42　程序运行结果（设置颜色）

二维码 2-21

文字变成红色的了。这是因为在代码第 9 行，将属性 textColor 设置为 0xff0000，这个 16 进制数字就是红色的颜色值。

接下来看一下描边效果。继续上一个项目，对其做出如下修改，参见二维码 2-21：

运行调试播放器观看结果，如图 2-43 所示：

图 2-43　程序运行结果（设置描边）

二维码 2-22

文字加上可蓝色的描边。这是因为在代码第 10 行，通过 strokeColor 属性来指定描边颜色。在第 11 行，通过 stroke 属性来指定描边的宽度。

接下来看一下加粗和斜体效果。继续上一个项目，对其做出如下修改，参见二维码 2-22：

启动调试播放器观看结果，如图 2-44 所示：

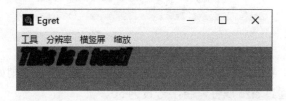

图 2-44　程序运行结果（设置加粗和斜体）

文字变成粗体并倾斜了。这是因为代码的第 12 行，通过将 bold 属性设置为 true 来将其变成粗体。代码的第 13 行，通过将 italic 属性设置为 true 来将其变成斜体。

（2）混合样式

接下来介绍一下混合样式，通过这种方式可以创造富文本。可以通过两种方式来设置混合样式，一种是 JSON 方式，另一种是 HTML 方式。继续上一个项目，对其做出如下修改，参见二维码 2-23：

把之前的功能提取到一个称为 drawText 的方法里。运行调试播放器观

二维码 2-23

看结果，如图 2-45 所示：

图 2-45　程序运行结果（JSON 混合样式）

丰富混合文本是由 ITextElement 类型的对象组成的，ITextElement 是这样定义的：

```
interface ITextElement {
    text: string;
    style: ITextStyle;
}
```

其中 ITextStyle 对象就是各种样式属性的集合。比如第 33 行的代码格式化之后如下所示：

```
{
    text: "Egret",
    style: {
        "textColor": 0x336699,
        "size": 60,
        "strokeColor": 0x6699cc,
        "stroke": 2
    }
}
```

这个对象的类型就是 ITextElement 的，其中的 style 对象为：

```
{
    "textColor": 0x336699,
    "size": 60,
    "strokeColor": 0x6699cc,
    "stroke": 2
}
```

它的类型为 ITextStyle。

接下来介绍一下 HTML 的方式。继续之前的项目，在 Main 类里继续添加如下的方法，参见二维码 2-24：

相应地，onAddToStage 也要做出修改：

二维码 2-24

```
private onAddToStage(): void {
    this.drawText();
    this.drawRichText();
```

```
        this.drawRichTextByHTML();
    }
```

运行调试播放器观看结果，如图 2-46 所示：

图 2-46　程序运行结果（HTML 混合样式）

这次绘制出了和 JSON 方式等价的混合文本。接下来介绍一下文本布局。

（3）文本布局

继续之前的项目，在 Main 类的内部继续添加以下的方法：

```
1    private drawTextLayout(): void {
2        var label: egret.TextField = new egret.TextField();
3        this.addChild(label);
4        label.y = 500;
5        label.width = 400;
6        label.height = 400;
7         label.text = "This is a text!";
8        label.border = true;
9        label.borderColor = 0x000000;
10   }
```

相应地对 onAddToStage 方法做出修改：

```
private onAddToStage(): void {
    this.drawText();
    this.drawRichText();
    this.drawRichTextByHTML();
    this.drawTextLayout();
}
```

运行调试播放器观看效果，如图 2-47 所示：

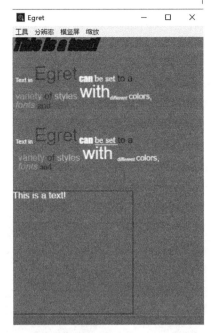

图 2-47 程序运行结果（文本布局）

在 drawTextLayout 方法的第 8 行，通过将 border 属性设置为 true，从而让文本对象显示边框，这样就能看懂它的布局方式了。第 9 行，通过将 borderColor 属性设置为 0x000000，从而将边框的颜色设置为黑色，这样就能看清边框了。

接下来介绍一下水平布局。对 drawTextLayout 方法做出如下修改，参见二维码 2-25：

运行调试播放器观看结果，如图 2-48 所示：

二维码 2-25

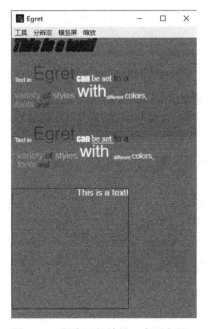

图 2-48 程序运行结果（水平布局）

从图 2-48 可以看出文本对象对齐到边框的右侧了。

在代码的第 10 行，通过设置 textAlign 属性来指定文本的对齐方式，这种对齐方式是相对文本对象的边框的。这个属性是个字符串，而且 Egret 自带了该属性有效值的常量，egret.HorizontalAlign.RIGHT 就是其中的一个。

二维码 2-26

课后作业：考虑一下，如何实现水平居中对齐。

接下来介绍一下纵向布局。对 drawTextLayout 方法做出如下修改，参见二维码 2-26：

运行调试播放器观看结果，如图 2-49 所示：

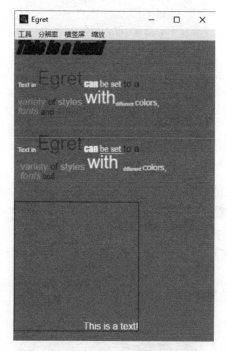

图 2-49　程序运行结果（纵向布局）

从图中可以看出，文本移到左下角了。

在上面代码的第 11 行，通过指定 verticalAlign 属性来设置文本对象的垂直布局方式，跟 textAlign 一样，它的值也是一个字符串。而且 egret.VerticalAlign.BOTTOM 也是 Egret 自带的字符串常量。

课后作业：试将文本垂直居中显示。

（4）文本超链接事件

TextField 对象可以响应 Touch 事件，也就是说，当单击文本对象的时候，可以指定触发代码。继续上一个项目，在 Main 类里继续添加以下代码，参见二维码 2-27：

二维码 2-27

onAddToStage 方法也要做出对应的修改：

```
private onAddToStage(): void {
    this.drawText();
    this.drawRichText();
```

```
    this.drawRichTextByHTML();
    this.drawTextLayout();
    this.drawHotText();
}
```

运行调试播放器观看结果，如图 2-50 所示：

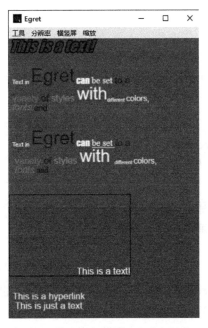

图 2-50　程序运行结果（文本超链接）

当单击第一行文字的时候，EgretWing 的调试窗口会输出"text event triggered"。单击第 2 行文字不会有任何效果。

2.8　事件机制

事件机制是目前非常主流的程序设计方式，很多引擎和框架都采用这种设计方式，所以能够正确理解事件机制是使用这些引擎和框架的关键。

2.8.1　Egret 事件处理机制

在 Egret 里，事件机制主要是由事件发布者、事件和事件监听者协同完成的。所有的事件发布者类都要继承于 egret.EventDispatcher 类，所有的事件类都要继承于 egret.Event 类，至于事件监听者，则没有规定要继承于哪个类。

打个比方，事件发布者就像发布新闻的机构，新闻就是一种事件，当然还有订阅新闻的人，这种人就是事件的监听者。接下来就用这种比喻来写个项目。下面通过代码来展示事件处理机制的使用方法。

创建一个称为"Event"的项目，删除 src 文件夹内的所有文件。然后创建一个称为 NewsEvent.ts 的类文件，做出如下修改：

```
1    class NewsEvent extends egret.Event {
2        public static TYPE = 'NewsEvent';
3
4        public constructor() {
5            super(NewsEvent.TYPE);
6        }
7
8        public content = '';
9    }
```

NewsEvent 就是一个事件类，其中的 content 字段就是事件携带的数据。egret.Event 类的构造函数的原型如下：

```
constructor(type: string,
            bubbles?: boolean,
            cancelable?: boolean,
            data?: any);
```

以下是对各个参数的解释：

- type：事件的类型，可以作为 Event.type 进行访问。
- bubbles：确定 Event 对象是否参与事件流的冒泡阶段。默认值为 false。
- cancelable：确定是否可以取消 Event 对象。默认值为 false。
- data：与此事件对象关联的可选数据。

接着再创建一个称为 NewsDispatcher 的类文件，并对其做出如下修改，参见二维码 2-28：

NewsDispatcher 类就是事件发布者类，类似新闻发布机构。

接下来创建一个称为 NewsReader 的类文件，参见二维码 2-29：

NewsReader 类就是事件监听者类。接下来看一下以上三个类如何协同工作。首先创建一个称为 Main 的类文件如下，参见二维码 2-30：

运行调试播放器，会看到调试窗口的输出，如图 2-51 所示：

在 NewsDispatcher 类代码的第 9 行，该类的对象通过继承的 dispatchEvent 方法来向已注册的监听者发布事件。在 Main 类代码的第 12～15 行，EventDispatcher 的子类通过 addEventListener 方法来注册事件监听者。以下是 addEventListener 方法的原型：

二维码 2-28

二维码 2-29

二维码 2-30

```
输出  调试  问题  终端

Reader Aaron is reading news: 中国成功发射长征5号运载火箭。
Reader Alice is reading news: 中国成功发射长征5号运载火箭。
```

图 2-51　程序控制台输出

```
addEventListener(type: string,
                 listener: Function,
                 thisObject: any,
```

useCapture?: boolean,
priority?: number): void;

以下是对各个参数的解释：

- type：事件类型。
- listener：事件处理的函数。
- thisObject：事件处理函数的作用域。
- useCapture：确定侦听器是运行于捕获阶段还是运行于冒泡阶段，可选。设置为 true，则侦听器只在捕获阶段处理事件，而不在冒泡阶段处理事件。设置为 false，则侦听器只在冒泡阶段处理事件。
- priority：事件侦听器的优先级，可选。优先级由一个带符号的整数指定。数字越大，优先级越高。优先级为 n 的所有侦听器会在优先级为 n -1 的侦听器之前得到处理。如果两个或更多个侦听器共享相同的优先级，则按照它们的添加顺序进行处理。默认优先级为 0。

当然还可以移除监听器，对应的方法是 removeEventListener，其原型为：

removeEventListener(type: string,　listener: Function,　thisObject: any,　useCapture?: boolean): void;

以及是否含有监听器：

hasEventListener(type: string): boolean;

2.8.2　Egret 的触摸事件

触摸事件处理是移动游戏开发中常见的交互方式，Egret 的触摸事件处理方式也是基于上一节介绍的事件处理机制的。其对应的事件类是 egret.TouchEvent，它包含以下事件类型：

- TOUCH_BEGIN：当用户第一次触摸启用触摸的设备时触发。
- TOUCH_CANCEL：由于某个事件取消了触摸时触发。
- TOUCH_END：当用户移除与启用触摸的设备的接触时触发。
- TOUCH_MOVE：当用户触碰设备并移动时进行触发，而且会连续触发，直到接触点被删除。
- TOUCH_TAP：当用户在触摸设备上与开始触摸的同一 DisplayObject 实例上抬起接触点时触发。

下面通过代码来说明它们的使用方式，创建一个称为 "TouchEvent" 的项目，删除 src 文件夹内的所有文件，创建一个称为 Main.ts 的类文件，并做出如下修改，参见二维码 2-31：

二维码 2-31

运行调试播放器观看效果，如图 2-52 所示：

图 2-52　程序运行结果

43

当单击绿色矩形的时候，调试窗口会输出如图 2-53 所示的内容：

图 2-53　程序控制台输出

在代码的第 16 行，向矩形对象注册了触摸事件监听器——onRectTouch 方法，当矩形对象被单击的时候就会调用这个方法。

在代码的第 17 行，向矩形对象的容器注册了触摸事件监听器——onContainerTouch 方法，因为容器的大小默认情况下是由子节点的大小决定的，所以当矩形对象被单击时，同样也会让容器触发触摸事件。

在代码的第 18 行，向容器对象注册了触摸事件监听器——onTouchCaptured 方法，当矩形对象的触摸事件发生时，该事件会向上冒泡，找到矩形对象所在的容器之后，执行了这个方法。

如果把第 15 行代码的 true 改为 false，那么触发事件就不会发生了，有兴趣的读者可以去试试。

2.9　网络

2.9.1　发送 HTTP 请求

Egret 提供了基本的 HTTP 请求功能。下面通过实例代码来介绍基本的使用方法。

创建一个称为 HTTPConnection 的新项目，删除 src 文件夹内的所有文件，创建一个称为 Main.ts 的类文件，并对其做出如下修改，参见二维码 2-32：

二维码 2-32

运行调试播放器观看结果，会在调试窗口输出类似如图 2-54 所示的内容：

图 2-54　程序控制台输出结果

系统配置以及安装软件的不同，输出会有所不同。

在代码的第 8 行，创建了一个 egret.HttpRequest 对象——request，这个类在 Egret 里是专门用来发送 HTTP 请求以及接收响应的。

在代码的第 9 行，将 responseType 属性指定为 egret.HttpResponseType.TEXT，这样接收到的响应就是 JSON 字符串，如果是 egret.HttpResponseType.ARRAY_BUFFER，那么接收到的就是字节数组。

在代码的第 11 行，通过 open 方法指定了连接地址以及连接方式，但是还没有发出请求。

在代码的第 13 行，通过 setRequestHeader 方法设置了请求的消息头部。

在代码的第 15 行，通过 send 方法发送请求。

在代码的第 16 行，request 对象注册了 egret.Event.COMPLETE 事件的响应——onGetComplete 方法，当请求成功并返回响应的时候，就会调用这个方法。

在代码的第 18 行，request 对象注册了 egret.IOErrorEvent.IO_ERROR 事件的响应——onGetIOError 方法，当出现错误的时候就会调用这个方法。

在代码的第 20 行，request 对象注册了 egret.ProgressEvent.PROGRESS 事件的响应——onGetProgress 方法，当请求处于过程阶段的时候，就会触发这个事件。

在代码第 19 行，打印出了请求所对应的响应。

以上示例是针对 Get 请求的，对于 Post 请求，只需把第 10 行代码中的连接地址改为 http://httpbin.org/post，把连接方式改为 egret.HttpMethod.POST 即可。

2.9.2 发送带参数的请求

对于 Get 请求方式，将参数加在 url 后面，如下所示：

```
request.open("url?key1=value1&key2=value2", egret.HttpMethod.GET);
```

对于 Post 请求方式，就不能将参数加在 url 后面了，而是在 send 方法里指定参数，使用方式如下所示：

```
var params = "key1=value1&key2=value2";
request.send(params);
```

2.10 本章小结

本章对 Egret Engine 编程基础进行了讲解，这些知识点是理解笔者开发的游戏前端框架的关键。下一章将讲解 Egret Engine 高级开发部分。

第 3 章　Egret Engine 高级开发

在上一章，已经讲解了与 Egret 引擎相关的基本知识，本章将基于这些基本知识讲解 Egret Engine 高级开发功能。本章将涵盖以下内容：

- 位图纹理
- 颜色效果
- 时间控制
- 多媒体
- 屏幕适配
- 调试

3.1　位图纹理

位图纹理是目前主流引擎采用的一种显示图像的机制。Egret 引擎也是以这种方式来显示图像的。

3.1.1　基本知识

位图类 Bitmap 是 Egret 引擎里用来显示图片的，它的显示要基于一张纹理，该纹理需要通过外部资源来加载，也就是一张图片资源。

下面的案例将在舞台上绘制一张图像，从而让读者清楚如何使用位图纹理。

首先创建一个名为"BasicBitmap"的项目，删除 src 文件夹内的所有文件，然后创建一个名为 Main.ts 的类文件并做出如下修改，参见二维码 3-1：

二维码 3-1

运行调试播放器观看结果，如图 3-1 所示：

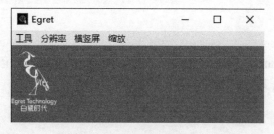

图 3-1　程序运行结果（绘制位图）

在播放器的左上角显示出了白鹭的图标。

onAddToStage 方法被标识为 async 是因为第 11 行到第 13 行的代码需要同步。第 9 行到第 13 行是资源加载的代码，关于资源加载功能，将在下一章里介绍，这里只需要知道这些代码加载了必要的资源就可以了。当资源加载完成之后，会回调 onGroupComplete 方法。代码的第 17 行创建了 egret.Bitmap 对象——image，在第 18 行，通过 RES.getRes 获取到一个资源 id 为 egret_icon_png 的纹理对象，并把它赋给 image 对象的 texture 属性。这样，image 对象就有了纹理。然后在第 19 行将其放置到舞台上。

还可以绘制基于 base64 字符串数据纹理的位图。继续上一个项目，在 Main 类里继续添加如下代码：

```
1    private drawBase64Bitmap(): void {
2      var str64 = 'iVBORw0KGgoAAAANSUh…'; // 这里省略了部分字符串
3      egret.BitmapData.create('base64', str64, (bitmapData) => {
4        let texture = new egret.Texture();
5        texture.bitmapData = bitmapData;
6        let bmp = new egret.Bitmap(texture);
7        bmp.y = 200;
8        this.addChild(bmp)
9      });
10   }
```

并对已有 onGroupComplete 方法做出如下修改：

```
private onGroupComplete() {
    var image: egret.Bitmap = new egret.Bitmap();
    image.texture = RES.getRes("egret_icon_png");
    this.addChild(image);

    this.drawBase64Bitmap();
}
```

运行调试播放器观看结果，如图 3-2 所示：

图 3-2　程序运行结果（复制位图）

从运行结果可以看出在第一个图片的下方又显示了相同的图片。

在第一个代码清单里，第 2 行定义了一个基于 base64 数据的字符串——str64。第 3 行，通过 egret.BitmapData.create 方法创建一个基于 base64 字符串的纹理数据，并将其传递给为该方法指定的回调函数，这个被传递的数据对象就是 bitmapData。第 5 行，将 egret.Texture 对象

的 bitmapData 属性赋值为该数据对象。第 6 行，再用这个 Texture 对象去创建 Bitmap 对象，并将这个 Bitmap 对象放置到舞台上。

3.1.2 九宫格

有时候会有这样的需求，当拉伸一张位图的时候，希望它的边缘不被拉伸。这种情况下，就可以使用 Bitmap 自带的九宫格功能来实现这种效果，如图 3-3 所示。

图 3-3　九宫格（图片来源于 Egret 官方文档）

类似图 3-3，当拉伸这个图片的时候，在九宫格的作用下，编号 1、3、7、9 的区域不会被拉伸；区域 2、8 仅会被横向拉伸；区域 4、6 仅会被纵向拉伸。

二维码 3-2

首先创建一个称为 NineGrid 的项目，删除 src 文件夹内的所有文件，然后创建一个名为 Main.ts 的类文件，并做出如下修改，参见二维码 3-2：

运行调试播放器观看结果，如图 3-4 所示：

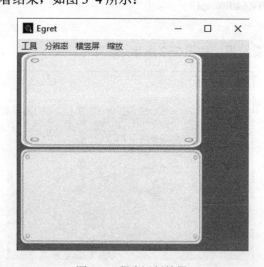

图 3-4　程序运行结果

第一张纹理的四个角被拉伸，第二张纹理的四个角没有被拉伸。

两张纹理的区别在代码的第 31、32 和 33 行。第 31 行代码定义了九宫格的区域，结合图 3-1 来解释一下该区域各个参数的意图：

第一个参数 40 表示区域 1 的宽度。

第二个参数 40 表示区域 1 的高度。

第三个参数 176 表示区域 2 的宽度。

第四个参数 176 表示区域 4 的高度。

在代码的第 33 行，将这个 Rectangle 对象赋值给 image 对象的 scale9Grid 属性，这样 image 对象就具备了九宫格功能。

注意： 在正常情况下，九宫格区域的宽度和高度要小于图片的宽度和高度。如果九宫格的设置异常会报如下错误：

Warning #1018: 9 宫格设置错误

3.1.3　纹理的填充方式

当位图被拉伸的时候，就会涉及其纹理的填充方式了。填充方式主要有两种：

● 拉伸图像以填充区域。

● 重复图像以填充区域。

下面的案例将展示图像的两种填充方式。

首先创建一个称为 BitmapFillMode 的项目，删除 src 文件夹内的所有文件，然后创建一个名为 Main.ts 的类文件，并对其做出如下修改，参见二维码 3-3：

二维码 3-3

运行调试播放器观看结果，如图 3-5 所示：

白鹭图标位图被拉伸，这是位图对象默认的填充模式。接下来对代码做出如下修改：

```
1    private onGroupComplete() {
2      var image: egret.Bitmap = new egret.Bitmap();
3      image.texture = RES.getRes("egret_icon_png");
4      image.fillMode = egret.BitmapFillMode.REPEAT;
5      image.width *= 2;
6      image.height *= 3;
7      this.addChild(image);
8    }
```

运行调试播放器观看结果，如图 3-6 所示：

图 3-5　程序运行结果（拉伸填充方式）

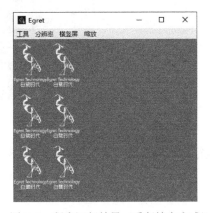

图 3-6　程序运行结果（重复填充方式）

从运行结果可以看出图片被重复填充了。这是因为通过修改的代码的第 4 行，将图片的填充模式改为 egret.BitmapFillMode.REPEAT，这样图片就实现了重复填充。

3.1.4 纹理集

有时候开发者想把所有的纹理文件放到同一个文件里，然后在项目里单独地使用里面的纹理。Egret 引擎为此提供了纹理集的功能。

首先创建一个称为 ImageSet 的项目，删除 src 文件夹内的所有文件，然后创建一个名为 Main.ts 的类文件，然后做如下修改，参见二维码 3-4：

二维码 3-4

二维码 3-5

项目里还带两个资源文件：dogs.json 和 dogs.png。以下是 dogs.json 的内容，它的资源类型是 sheet，参见二维码 3-5：

以下是 dogs.png 文件的内容，如图 3-7 所示：

图 3-7　图片的内容

运行调试播放器观看结果，如图 3-8 所示：

代码的关键在第 18 行，其中 dogs_json 为纹理集，dog1 是纹理集的 id。

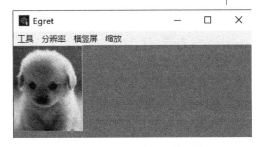

图 3-8　程序运行结果（纹理集）

3.2　颜色效果

在上一节，读者看到的都是图像的原始效果。本节将讲解如何对图像进行颜色上的变换。

3.2.1　混合模式

当两个位图重叠的时候，混合模式就起作用了。混合模式决定了重叠区域里像素变化的最终结果。下面的案例将展示混合模式的效果。

首先创建一个称为 BlendMode 的项目，删除 src 文件夹内的所有文件，然后添加一个名为 Main.ts 的类文件，并做出如下修改，参见二维码 3-6：

运行调试播放器观看结果，如图 3-9 所示：

二维码 3-6

图 3-9　观看结果

关键代码在第 30 行，如果将值改为 egret.BlendMode.ADD，它表示将原色值添加到它的背景颜色中，结果如图 3-10 所示：

图 3-10　添加原色值

如果改为 egret.BlendMode.ERASE，它表示根据显示对象的 Alpha 值擦除背景，即不透明区域将被完全擦除。它的效果是这样的，如图 3-11 所示：

图 3-11　擦除背景

3.2.2　滤镜

滤镜可以在运行时通过程序改变纹理的效果，比如在游戏中给图片添加发光效果、颜色叠加效果、模糊效果或投影效果等。

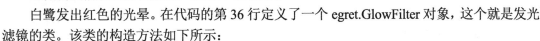

二维码 3-7

（1）发光滤镜

下面的案例将展示多种滤镜的效果。

首先创建一个称为 Filter 的项目，删除 src 文件夹内的所有文件，然后创建一个名为 Main.ts 的类文件，并对其做出如下修改，参见二维码 3-7：

运行调试播放器观看结果，如图 3-12 所示：

白鹭发出红色的光晕。在代码的第 36 行定义了一个 egret.GlowFilter 对象，这个就是发光滤镜的类。该类的构造方法如下所示：

```
constructor(color?: number,
            alpha?: number,
            blurX?: number,
            blurY?: number,
            strength?: number,
            quality?: number,
            inner?: boolean,
            knockout?: boolean);
```

图 3-12　发光滤镜

以下是对各个参数的解释：

- color：光晕颜色，采用十六进制格式 0xRRGGBB。默认值为 0xFF0000。
- alpha：颜色的 Alpha 透明度值。有效值为 0～1。例如，0.25 设置透明度值为 25%。

- blurX：水平模糊量。有效值为 0～255（浮点）。
- blurY：垂直模糊量。有效值为 0～255（浮点）。
- strength：印记或跨页的强度。该值越高，压印的颜色越深，而且发光与背景之间的对比度也越强。有效值为 0～255。
- quality：应用滤镜的次数。
- inner：指定发光是否为内侧发光。值 true 指定发光是内侧发光。值 false 指定发光是外侧发光（对象外缘周围的发光）。
- knockout：指定对象是否具有挖空效果。值为 true 将使对象的填充变为透明，并显示文档的背景颜色。

在代码的第 44 行，将这个发光滤镜放到 bitmap 对象的滤镜集合里。

（2）颜色矩阵滤镜

二维码 3-8

颜色矩阵滤镜可以改变图片的原始颜色。

继续之前的项目，给 Main 类添加一个新方法——drawColorMatrixFilter，参见二维码 3-8；onGroupComplete 方法也要做出相应的修改：

```
private onGroupComplete() {
    this.drawBackground();
    this.drawGlowFilter();
    this.drawColorMatrixFilter();
}
```

启动调试播放器观看结果，如图 3-13 所示：

图 3-13　颜色矩阵滤镜

白鹭的右侧绘制出一个灰度化的图片。

在代码的第 2 行定义了一个实现灰度化效果的颜色矩阵。下图 3-14 就是颜色矩阵的形式：

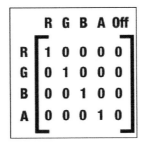

图 3-14 颜色矩阵（图片来源于 Egret 官方文档）

egret.ColorMatrixFilter 类对象的构造依赖于下面的矩阵。颜色的最终值是由以下公式计算出来的，参见二维码 3-9：

二维码 3-9

公式中的 srcR、srcG、srcB、srcA 表示显示对象里像素的各颜色分量值，a 是颜色矩阵。由公式可以看出，没有变化的颜色矩阵为：

```
var colorMatrix = [
    1,0,0,0,0,
    0,1,0,0,0,
    0,0,1,0,0,
    0,0,0,1,0
];
```

接下来让原图片变红。需要对 drawColorMatrixFilter 方法做出修改，参见二维码 3-10：

运行调试播放器观看结果，如图 3-15 所示：

二维码 3-10

图 3-15 图片变红

卡牌变成泛红色了。

（3）模糊滤镜

模糊滤镜可以使原图片变模糊。继续上一个项目，给 Main 类添加一个新方法——drawBlurFilter:

```
1    private drawBlurFilter() {
2        let texture = RES.getRes('hero_png');
3        let bitmap = new egret.Bitmap(texture);
4        let blurFilter = new egret.BlurFilter(10, 10);
5        bitmap.filters = [blurFilter];
6        bitmap.y = 350;
7        this.addChild(bitmap);
8    }
```

onGroupComplete 方法也要做出对应的修改:

```
private onGroupComplete() {
    this.drawBackground();
    this.drawGlowFilter();
    this.drawColorMatrixFilter();
    this.drawBlurFilter();
}
```

运行调试播放器观看结果，如图 3-16 所示:

图 3-16　模糊滤镜

新绘制的卡牌变模糊了。

在代码清单的第 4 行，定义了一个 egret.BlurFilter 对象，该类的构造函数原型如下：

```
constructor(blurX?: number,
            blurY?: number,
            quality?: number);
```

以下是对各个参数的解释：

- blurX：水平模糊量。有效值为 0～255（浮点）。
- blurY：垂直模糊量。有效值为 0～255（浮点）。
- quality：应用滤镜的次数。

（4）投影滤镜

投影滤镜可以给原图片添加投影效果。

继续上一个项目，给 Main 类添加一个新方法——drawDropShadowFilter，参见二维码 3-11：

二维码 3-11

onGroupComplete 方法做出对应的修改：

```
private onGroupComplete() {
    this.drawBackground();
    this.drawGlowFilter();
    this.drawColorMatrixFilter();
    this.drawBlurFilter();
    this.drawDropShadowFilter();
}
```

运行调试播放器观看结果，如图 3-17 所示：

图 3-17　投影滤镜

右下侧的白鹭带有了投影效果。

在第一个代码清单的第 12 行，定义了一个 egret.DropShadowFilter 类的对象，该类的构造函数的原型如下：

```
constructor(distance?: number,
            angle?: number,
            color?: number,
            alpha?: number,
            blurX?: number,
            blurY?: number,
            strength?: number,
            quality?: number,
            inner?: boolean,
            knockout?: boolean,
            hideObject?: boolean);
```

以下是对各个参数的解释：
- distance：阴影的偏移距离，以像素为单位。
- angle：阴影的角度，0～360 度（浮点）。
- color：光晕颜色，采用十六进制格式 0xRRGGBB。默认值为 0xFF0000。
- alpha：颜色的 Alpha 透明度值。有效值为 0～1。例如，0.25 设置透明度值为 25%。
- blurX：水平模糊量。有效值为 0～255（浮点）。
- blurY：垂直模糊量。有效值为 0～255（浮点）。
- strength：印记或跨页的强度。该值越高，压印的颜色越深，而且发光与背景之间的对比度也越强。有效值为 0～255。
- quality：应用滤镜的次数。
- inner：指定发光是否为内侧发光。值 true 指定发光是内侧发光。值 false 指定发光是外侧发光（对象外缘周围的发光）。
- knockout：指定对象是否具有挖空效果。值为 true 将使对象的填充变为透明，并显示文档的背景颜色。
- hideObject：表示是否隐藏对象。如果值为 true，则表示没有绘制对象本身，只有阴影是可见的。默认值为 false（显示对象）。

课后作业：请读者尝试同时使用多种滤镜。

3.3 时间控制

Egret 引擎提供了三种时间控制的方法：计时器、心跳以及帧事件。通过时间控制，开发者可以让软件周期性地执行代码。

3.3.1 计时器

计时器用来在某一时间段之后执行代码，可以执行一次，也可以执行多次。

首先创建一个称为 Timer 的项目，删除 src 文件内的所有文件，然后创建一个名为 Main.ts

的类文件，并做出如下修改，参见二维码 3-12：

运行调试播放器观看结果，在调试窗口会有如下输出，如图 3-18 所示：

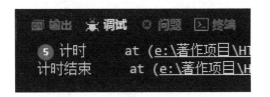

二维码 3-12

图 3-18　计时器窗口输出结果

调试窗口会每隔半秒输出"计时"，在最后一次会输出"计时结束"。

在代码的第 4 行，创建了一个 egret.Timer 对象，这个就是计时器类。该类的构造函数的原型如下：

```
constructor(delay: number, repeatCount?: number);
```

以下是对各个参数的解释：

- delay：计时器事件间的延迟（以 ms 为单位）。建议 delay 不要低于 20ms。计时器频率不得超过 60 帧/s，这意味着低于 16.6ms（1000ms/60）的延迟可导致出现运行时问题。
- repeatCount：指定重复次数。如果为零，则计时器将持续不断重复运行。如果不为 0，则将运行计时器，运行次数为指定的次数，然后停止。

代码第 5 行，timer 对象注册了 egret.TimerEvent.TIMER 事件的监听器——onTimer 方法，该方法会在每次延迟结束后执行。

代码第 7 行，timer 对象注册了 egret.TimerEvent.TIMER_COMPLETE 事件的监听器——onTimerComplete 方法，该方法会在所有延迟完毕之后执行。

代码第 9 行，执行了 timer 对象的 start 方法，该方法让计时器开始计时。

egret.Timer 类还有另外两个方法：reset 和 stop，前者让计时器重新开始，后者用来停止计时器。

3.3.2　心跳

Egret 引擎会在相对固定的时间间隔产生心跳事件，开发者可以把回调函数传递给心跳事件处理。心跳的时间间隔跟当前的帧速率没有直接关系。

本案例将展示心跳的使用方式，注意心跳的时间间隔和回调方式。

首先创建一个称为 Ticker 的项目，删除 src 文件夹内的所有文件，然后创建一个名为 Main.ts 的类文件，并对其做出如下修改，参见二维码 3-13：

运行调试播放器，在调试窗口有如下输出，如图 3-19 所示：

二维码 3-13

可以看出来，心跳的时间平均间隔是 17ms 左右。

代码第 6 行，开始心跳，并传递给引擎一个回调函数——onTicker。该回调函数的原型如下：

```
callback(timestamp: number): boolean
```

图 3-19　心跳窗口输出结果

　　参数 timestamp 是当前的时间戳，每次心跳引擎会把这个参数传递给回调函数。如果函数返回 true，将在回调函数执行完成之后立即重绘。如果返回 false 则不会重绘。

3.3.3　帧事件

　　Egret 引擎会在每帧的开始产生帧事件，所以该事件发生的频率是跟帧率有关的。

二维码 3-14

　　首先创建一个称为 FrameEvent 的项目，删除 src 文件夹内的所有文件，然后创建一个名为 Main.ts 的类文件，并做出如下修改，参见二维码 3-14：

　　运行调试播放器，在调试窗口有如下输出，如图 3-20 所示：

图 3-20　帧事件窗口输出结果

　　课后作业：通过将 index.html 里的 data-frame-rate 属性改为 "60"，从而将帧率改为 60，

然后运行调试播放器观看结果。

3.4 多媒体

Egret 引擎对多媒体功能提供了支持，其中包括音频和视频功能。

3.4.1 音频

首先创建一个称为 Audio 的项目，删除 src 文件夹内的所有文件，然后创建一个名为 Main.ts 的类文件，并做出如下修改，参见二维码 3-15：

二维码 3-15

运行调试播放器观看结果，当播放器启动之后会播放音乐。

代码第 17 行，根据资源 id 为 music_wav 的声音资源创建了一个 egret.Sound 对象，然后在第 18 行，调用该对象中的 play 方法播放这个声音资源。play 方法的原型如下：

```
play(startTime?: number, loops?: number): SoundChannel;
```

以下是对各个参数的解释：

● startTime：表示开始播放的初始位置（以秒为单位），默认值是 0。
● loops：指明播放次数，默认值是 0，表示循环播放。如果大于 0 则为播放次数，如 1 为播放 1 次；如果小于等于 0，则为循环播放。

这个方法返回一个 SoundChannel 类型的对象。接下来看看 SoundChannel 类型的对象有哪些功能。

继续上一个项目，对 onGroupComplete 方法做出如下修改，参见二维码 3-16：

二维码 3-16

运行调试播放器，会发现音乐的声音先是逐渐减弱，然后增强，然后再减弱，循环往复。

代码第 3 行，接收到 play 方法返回的 SoundChannel 对象，然后用这个对象控制声音的效果。第 5 行的 currentVolume 变量是用来检查 SoundChannel 对象的 volume 属性值是否超出 0~1 的范围，如果不做检查，就会报越界异常。代码第 7 行，使用了心跳的功能，让声音渐变循环往复。

3.4.2 视频

先创建一个称为 Video 的项目，删除 src 文件夹内的所有文件。

该项目将从一段视频资源的地址加载这段视频，而且属于跨域访问，所以要修改一下渲染模式，因为默认的 webgl 模式不支持跨域访问。打开 index.html 文件并做出如下修改：

```
egret.runEgret({ renderMode: "canvas", audioType: 0,
    calculateCanvasScaleFactor:function(context) {
    var backingStore = context.backingStorePixelRatio ||
            context.webkitBackingStorePixelRatio ||
            context.mozBackingStorePixelRatio ||
            context.msBackingStorePixelRatio ||
            context.oBackingStorePixelRatio ||
            context.backingStorePixelRatio || 1;
```

```
                    return (window.devicePixelRatio || 1) / backingStore;
        }}));
```

二维码 3-17

在 src 文件夹内创建一个名为 Main.ts 的类文件，并做出如下修改，参见二维码 3-17：

运行调试播放器观看结果，如图 3-21 所示：

图 3-21　视频播放程序运行结果

通过代码能看出来，视频功能也是事件驱动的。当视频加载完毕就会调用 egret.Video 对象的 play 方法。

课后作业：尝试应用 egret.Video 对象的其他方法和属性。

3.5　屏幕适配

市面上移动设备的屏幕尺寸和宽高比例存在差异，所以开发者开发项目的时候，首先会去考虑屏幕的适配问题，因为不同的屏幕适配模式，以及之前所说的差异，会产生不同的视觉效果，这关系到游戏产品的体验问题。

Egret 引擎提供了两种适配方式：缩放和旋转。

3.5.1　缩放模式

Egret 引擎目前提供了 8 种缩放的适配模式。缩放适配模式是在 index.html 文件的 data-scale-mode 配置项里指定的（参见 2.2.4 节）。无论是什么缩放模式，在调试播放器里会显示全部舞台的。

（1）showAll 模式

Egret 引擎默认就是这种模式。可以通过配置项，在运行之前，在 index.html 文件里指定这种模式：

```
data-scale-mode="showAll"
```

也可以在运行时通过代码改为这种模式：

```
this.stage.scaleMode = egret.StageScaleMode.SHOW_ALL;
```

下面通过一个示例来说明这种缩放模式。图 3-22 是一张原图：

图 3-22　原图

在 index.html 文件中，将舞台的大小做一下修改：

```
data-content-width="600"
data-content-height="600"
```

这样舞台的尺寸就和原图的尺寸一致了，也就能看出效果了，因为缩放模式的结果是由舞台和移动设备显示屏幕的尺寸和宽高比例的关系决定的。

以下是将该图放到舞台之后的效果，如图 3-23 所示：

图 3-23　放到舞台后的效果

这种模式会按原宽高比缩放舞台的以显示整个舞台，因为在这个例子里舞台和屏幕的宽高比不一致，所以会在上下或者两侧出现黑边。

（2）noScale 模式

可以通过配置项，在运行之前，在 index.html 文件里指定这种模式：

```
data-scale-mode="noScale"
```

也可以通过在运行时通过代码改为这种模式：

```
this.stage.scaleMode = egret.StageScaleMode.NO_SCALE;
```

图 3-24 是应用该模式之后的效果。

图 3-24　应用 noScale 模式后的效果

该模式不对舞台进行缩放，即保持 1∶1 的比例，然后把舞台的左上角对齐到屏幕的左上角。所以如果舞台的尺寸和屏幕的尺寸不一致，会对舞台进行裁剪。

（3）noBorder 模式

可以通过配置项，在运行之前，在 index.html 文件里指定这种模式：

```
data-scale-mode="noBorder"
```

也可以通过在运行时通过代码改为这种模式：

```
this.stage.scaleMode = egret.StageScaleMode.NO_BORDER;
```

图 3-25 是应用该模式之后的效果：

该模式会按原宽高比缩放舞台，将舞台向较宽方向填满屏幕，所以不会存在黑边，然后将舞台垂直居中或水平居中。这种模式会产生裁剪。

（4）exactFit 模式

可以通过配置项，在运行之前，在 index.html 文件里指定这种模式：

    data-scale-mode="exactFit"

也可以通过在运行时通过代码改为这种模式：

    this.stage.scaleMode = egret.StageScaleMode.EXACT_FIT;

图 3-26 是应用该模式之后的效果：

图 3-25　应用 noBorder 模式后的效果　　　图 3-26　应用 exactFit 模式后的效果

该模式会将舞台全部显示，并将舞台按非原宽高比拉伸以填充整个屏幕。这种模式会导致图形变形。

（5）fixedWidth 模式

可以通过配置项，在运行之前，在 index.html 文件里指定这种模式：

    data-scale-mode="fixedWidth"

也可以通过在运行时通过代码改为这种模式：

    this.stage.scaleMode = egret.StageScaleMode.FIXED_WIDTH;

图 3-27 是应用该模式之后的效果：

图 3-27　应用 fixedWidth 模式后的效果

该模式会按原宽高比缩放舞台，从而将舞台填充屏幕的整个宽度。

（6）fixedHeight 模式

可以通过配置项，在运行之前，在 index.html 文件里指定这种模式：

```
data-scale-mode="fixedHeight"
```

也可以通过在运行时通过代码改为这种模式：

```
this.stage.scaleMode = egret.StageScaleMode.FIXED_HEIGHT;
```

图 3-28 是应用该模式之后的效果：

图 3-28　应用 fixedHeight 模式后的效果

该模式会按原宽高比缩放舞台，从而将舞台填充屏幕的整个高度。

（7）fixedNarrow 模式

可以通过配置项，在运行之前，在 index.html 文件里指定这种模式：

data-scale-mode="fixedNarrow"

也可以通过在运行时通过代码改为这种模式：

this.stage.scaleMode = egret.StageScaleMode.FIXED_NARROW;

图 3-29 是应用该模式之后的效果：

图 3-29　应用 fixedNarrow 模式后的效果

该模式会将舞台按原宽高比缩放，从而填充较短的边，并对齐左上角，即如果宽短而高长，则填充宽度，反之亦然。

（8）fixedWide 模式

可以通过配置项，在运行之前，在 index.html 文件里指定这种模式：

data-scale-mode="fixedWide"

也可以通过在运行时通过代码改为这种模式：

this.stage.scaleMode = egret.StageScaleMode.FIXED_WIDE;

图 3-30 是应用该模式之后的效果：

该模式会将舞台按原宽高比缩放，从而填充较长的边，并对齐左上角，即如果宽短而高长，则填充高度，反之亦然。

3.5.2　旋转模式

旋转模式是让 Egret 引擎知道，在旋转移动设备的时候，显示的旋转策略。可以在运行之前，通过 index.html 文件里的 data-orientation 属性来指定旋转模式，也可以在运行时通过代码来改变旋转模式。

图 3-30　应用 fixedWide 模式后的效果

（1）auto 模式

该模式是 Egret 引擎默认的旋转模式。可以通过配置项，在运行之前，在 index.html 文件里指定这种模式：

```
data-orientation="auto"
```

也可以在运行时通过代码改为这种模式：

```
this.stage.orientation = egret.OrientationMode.AUTO;
```

该模式会自动旋转舞台，不管是横屏还是竖屏，都是从上到下的显示，如图 3-31 所示：

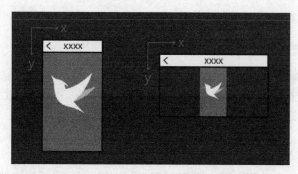

图 3-31　auto 旋转模式的效果

（2）portrait 模式

可以通过配置项，在运行之前，在 index.html 文件里指定这种模式：

data-orientation="portrait"

也可以通过在运行时通过代码改为这种模式：

this.stage.orientation = egret.OrientationMode.PORTRAIT;

在该模式下，无论是否旋转手机，舞台都不会旋转，而且舞台的左上角始终和手机竖屏时的左上角重叠。如图 3-32 所示：

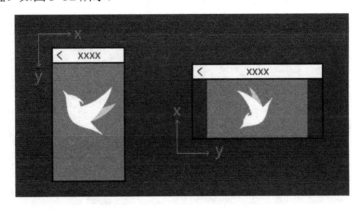

图 3-32　portrait 旋转模式的效果

（3）landscape 模式

可以通过配置项，在运行之前，在 index.html 文件里指定这种模式：

data-orientation="landscape"

也可以通过在运行时通过代码改为这种模式：

this.stage.orientation = egret.OrientationMode.LANDSCAPE;

在该模式下，无论是否旋转手机，舞台都不会旋转，而且舞台的左上角始终和手机竖屏时的右上角重叠。如图 3-33 所示：

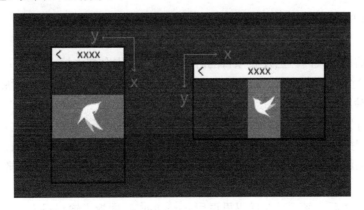

图 3-33　landscape 旋转模式的效果

（4）landscapeFlipped 模式

可以通过配置项，在运行之前，在 index.html 文件里指定这种模式：

```
data-orientation="landscapeFlipped"
```

也可以通过在运行时通过代码改为这种模式：

```
this.stage.orientation = egret.OrientationMode.LANDSCAPE_FLIPPED;
```

在该模式下，无论是否旋转手机，舞台都不会旋转，而且舞台的左上角始终和手机竖屏时的左下角重叠，也就是 landscape 模式的反转模式。如图 3-34 所示：

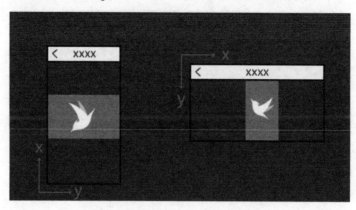

图 3-34　landscapeFlipped 旋转模式的效果

 调试

Egret 提供了一系列机制来帮助开发者进行调试。

（1）DEBUG 变量

Egret 引擎向开发者提供了 DEBUG 变量，从而允许开发者可以在项目里添加调试代码，在发布项目的时候，这些调试代码会自动去掉。例如以下代码：

```
if(DEBUG) {
    egret.log('这段代码执行了，而且 x 的值是：' + x);
}
```

这是常见的调试代码。当发布项目的时候，这句日志会被去掉。

与 DEBUG 变量对应有个 RELEASE 变量，通过该变量可以编写在发行版中运行的代码。

（2）日志输出面板

当开发者开发移动应用的时候，是没法打开控制台的，所以看不到通过 console.log()方法输出的日志。因此 Egret 提供了可视的日志输出面板，而且该面板显示在舞台的左上角。

默认上该面板是关闭的，可以通过指定 index.html 里的 data-show-log 属性为"true"，来启用该面板。

启用该面板之后，就可以在代码里调用 egret.log()在面板里输出日志。

（3）帧频信息

开发者可以通过 Egret 提供的帧频信息面板来判断游戏的性能。默认上该面板是关闭的，可以通过指定 index.html 里的 data-show-fps 属性为"true"，来启用该面板。该面板会显示在舞台的左上角。

3.7　本章小结

本章对 Egret Engine 的高级开发功能进行了介绍，读者在开发自己的项目时，很可能会用到这些知识点。在下一章里，将介绍 Egret 的扩展库。

第 4 章　Egret 扩展库编程指南

前两章对 Egret 引擎的核心功能进行了讲解。本章将讨论 Egret 的扩展功能。Egret 考虑到开发者对第三方库的使用偏好，特意将核心功能和扩展功能分开。本章将涵盖以下内容：

- RES 资源加载
- EUI 库
- Tween 缓动库
- WebSocket 库
- P2 物理系统库

4.1　RES 资源加载

开发者在开发游戏的时候，肯定会使用很多资源素材，比如图片、音频、配置文件、字体和二进制文件等。在 H5 平台中，所有的资源都是存储在服务器上的，在游戏运行的时候，Egret 会将资源下载到内存中以备使用。

Egret 提供了一个名为 RES 的模块来管理资源的加载，当然开发者也可以使用其他第三方资源管理库。

4.1.1　资源加载配置文件

Egret 提供了一个默认的 RES 资源加载配置文件：resource/default.res.json。当然开发者可以自行选择别的路径和文件名。当开发者在 EgretWing 编辑器里单击该文件的时候，会显示类似图 4-1 的界面：

图 4-1　资源加载配置文件可视化界面

EgretWing 对资源配置文件提供了两种编辑功能：设计和源码。大多数情况下，在设计界面里编辑该文件就可以了。如果想手动编辑文件，单击"源码"按钮即可。目前图 4-1 就是设计界面。

以下是对各个区域的解释：

（1）资源浏览区

资源浏览区显示了所有可以加载的资源。如果开发者在这里无法找到想要加载的资源，只需要把对应的资源拖放到该窗口即可。

（2）资源属性编辑区

当开发者在资源浏览区里单击了一个资源，就会在资源属性编辑区里显示该资源的属性，同时开发者也可以编辑属性。

（3）资源预览区

当开发者在资源浏览区里单击了一个资源，就会在资源预览区内显示该资源的预览效果。

（4）资源组区

资源是按组划分的。在资源组区，开发者可以创建、修改和删除组。

（5）组内资源区

当开发者在资源组区内单击一个资源组时，在组内资源区里就会显示划分到该组的所有资源。如果想把资源浏览区内的一个资源划分到一个组，只需要把该资源拖拽到该区即可。也可以删除组内的资源。

4.1.2　加载资源配置文件及资源组

当定义完资源加载配置文件后，就可以通过它加载资源了。

（1）加载资源配置文件

通过 RES.loadConfig 方法就可以加载资源加载配置文件。该方法是一个异步方法，也就是说在资源加载配置文件加载完毕之前，该方法就返回了。该方法的原型如下：

```
function loadConfig(url: string, resourceRoot: string): Promise<void>;
```

以下是对各个参数的解释：

- url：资源配置的 url 地址。对于默认的配置文件，该值就是 "resource/default.res.json"。
- resourceRoot：资源配置的根地址。对于默认的配置文件，该值就是 "resource"。

对于异步方法，如果它没执行完毕就去执行与其相关的操作，会产生错误。所以需要对其进行同步。笔者推荐使用返回值的 then 方法。

（2）加载资源组

当加载完配置文件之后，就可以加载资源组了。可以通过 RES.loadGroup 方法来加载资源组。以下是该方法的原型：

```
function loadGroup(name: string,    priority?: number,    reporter?: PromiseTaskReporter ): Promise<void>;
```

以下是对各个参数的解释：

- name：要加载资源组的组名。
- priority：加载优先级，可以为负数，默认值为 0。低优先级的组必须等待高优先级组

完全加载结束才能开始，同一优先级的组会同时加载。

● reporter：资源组的加载进度提示。

可以看出来，该方法也是异步方法。

对于默认的资源加载配置文件，可以使用下面的代码来加载资源组：

```
RES.addEventListener(RES.ResourceEvent.GROUP_COMPLETE, this.onGroupComplete, this);
RES.loadConfig("resource/default.res.json",
    "resource/").then(()=> {
        RES.loadGroup("preload");
});
```

在 onGroupComplete 回调方法里编写组加载之后的逻辑代码。

（3）获取资源

加载资源组之后就可以获取资源了。可以通过 RES.getRes 方法来获取资源。该方法的原型如下：

```
function getRes(key: string): any;
```

以下是对各个参数的解释：

key：资源名称。

在资源加载配置文件的设计界面的组内资源区内，名称列就是资源对应的资源名称。根据资源的类型，该方法会返回不同类型的资源对象。在代码里就可以直接使用这些对象了。

4.2 EUI 库

EUI 库是 Egret 提供的一套 UI 解决方案，其中包括了常见的组件、组件容器以及布局等等。EUI 的皮肤是这些概念的容器。

4.2.1 基本组件

EUI 库提供了一系列基本组件，其中包括文本、图片、按钮、复选框、单选框、状态切换按钮、滑动选择器、进度条和输入文本等。在随后的案例里，将会展示这些基本组件的用法。

（1）文本

eui.Label 是 EUI 里的文本类，该类继承于 egret.TextField，并实现了 eui.UIComponent 接口，所以它具备 egret.TextField 的全部功能，而且还能参与 EUI 的布局。下面通过一个示例来说明它的基本用法。

首先创建一个称为 EuiBasicComponent 的 EUI 项目，删除 src 文件夹内除了 AssetAdapter.ts 和 ThemeAdapter.ts 之外的所有文件，然后创建一个名为 Main.ts 的类文件，并做出如下修改，参见二维码 4-1：

运行调试播放器观看结果，如图 4-2 所示：

二维码 4-1

图 4-2　程序运行结果（显示文本）

这段代码创建了一个 eui.Label 对象，并设置了它的几个属性。

（2）图片

eui.Iamge 是 EUI 的图片类，该类继承于 egret.Bitmap，并实现了 eui.UIComponent 接口。所以该类具有 egret.Bitmap 类的全部功能，而且还能参与 EUI 的布局。

继续上一个项目，给 Main 类添加一个名为 drawImage 的方法：

```
1    private drawImage() {
2        let image = new eui.Image();
3        image.source = RES.getRes('egret_icon_png');
4        image.x = 450;
5        this.addChild(image);
6    }
```

在 onGroupComplete 方法里调用这个方法：

```
private onGroupComplete() {
    egret.registerImplementation("eui.IAssetAdapter", new AssetAdapter());
    egret.registerImplementation("eui.IThemeAdapter",   new ThemeAdapter());
    this.drawLabel();
    this.drawImage();
}
```

启动调试播放器观看结果，如图 4-3 所示：

图 4-3　程序运行结果（显示图片）

在第一个代码清单的第 3 行，eui.Image 对象是通过 source 属性来指定纹理的。

（3）按钮

eui.Button 是 EUI 里的按钮类。eui.Button 继承于 eui.Component 类，所以可以给它指定皮肤（随后的章节将会讲到皮肤）。

继续上一个项目，在 Main 类里添加两个方法，参见二维码 4-2：

在 onGroupComplete 方法里调用 drawButton 方法：

二维码 4-2

游戏开发实战宝典

```
private onGroupComplete() {
    egret.registerImplementation("eui.IAssetAdapter", new AssetAdapter());
    egret.registerImplementation("eui.IThemeAdapter", new ThemeAdapter());
    this.drawLabel();
    this.drawImage();
    this.drawButton();
}
```

启动调试播放器观看结果，如图 4-4 所示：

图 4-4　程序运行结果（显示按钮）

画面新添加一个按钮，当单击这个按钮的时候，会在调试窗口显示如下内容，如图 4-5
所示：

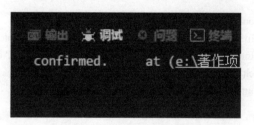

图 4-5　输出窗口输出结果

在第一个代码清单里，第 5 行通过 button 对象的 label 属性来指定按钮里显示的文字。

第 6 行通过 button 对象的 skinName 属性来指定皮肤。

第 9 行向 button 对象添加了一个触碰事件监听器，当该对象被单击的时候，会调用
onButtonTap 方法。

（4）复选框

eui.CheckBox 就是 EUI 里的复选框类。继续上一个项目。给 Main 类
继续添加两个方法，参见二维码 4-3：

二维码 4-3

在 onGroupComplete 方法里调用 drawCheckBoxes 方法：

```
private onGroupComplete() {
    egret.registerImplementation("eui.IAssetAdapter", new AssetAdapter());
    egret.registerImplementation("eui.IThemeAdapter", new ThemeAdapter());
    this.drawLabel();
    this.drawImage();
    this.drawButton();
```

```
        this.drawCheckBoxes();
    }
```

启动调试播放器观看结果，如图 4-6 所示：

图 4-6　程序运行结果（显示复选框）

在按钮下方新出现三个复选框，当与它们交互的时候，会产生类似如下的输出，如图 4-7 所示：

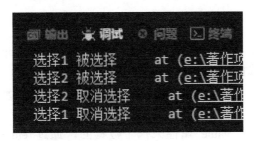

图 4-7　输出窗口输出结果

第三个复选框无论怎么点选都无法产生输出。

在第一个代码清单中，所有复选框对象都是通过 label 属性来指定显示的文字；通过 skinName 属性来指定皮肤；通过 addEventListener 方法来添加变更事件的监听器。

因为在 25 行，将第 3 个复选框的 enabled 属性指定为 false，所以该复选框就不会触发变更事件了。所以无论怎么单击第 3 个复选框，都不会有响应。

（5）单选框

eui.RadioButton 是 EUI 里的单选框类。

继续上一个项目，往 Main 类里继续添加如下方法，参见二维码 4-4：

在 onGroupComplete 方法里调用 drawRadioButtons 方法，参见二维码 4-5：

二维码 4-4

二维码 4-5

运行调试播放器观看结果，如图 4-8 所示：

在多选框右侧新出现两个单选按钮。当与这些单选按钮交互的时候，会在调试窗口出现类似如下的输出，如图 4-9 所示：

图 4-8　程序运行结果（显示单选框）

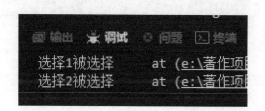

图 4-9　输出结果

在第一个代码清单中，第 2 行创建了一个 eui.RadioButtonGroup，该对象将单选按钮归为一组，并且能够响应单选按钮的变更事件。

单选按钮对象是通过 group 属性来指定分组的。因为两个单选按钮分为一组，所以它们的选择是互斥的。

单选按钮对象是通过 value 属性来携带数据的，通过 eui.RadioButtonGroup 对象的 selectedValue 属性就能访问被选择的按钮的 value 属性。

（6）状态切换按钮

eui.ToggleSwitch 类就是 EUI 里的切换按钮。

继续上一个项目，在 Main 类里继续添加以下两个方法，参见二维码 4-6：

在 onGroupComplete 方法里调用 drawToggleButton 方法：

二维码 4-6

```
private onGroupComplete() {
    egret.registerImplementation("eui.IAssetAdapter", new AssetAdapter());
    egret.registerImplementation("eui.IThemeAdapter", new ThemeAdapter());
    this.drawLabel();
    this.drawImage();
    this.drawButton();
    this.drawCheckBoxes();
    this.drawRadioButtons();
    this.drawToggleButton();
}
```

启动调试播放器观看结果，如图 4-10 所示：

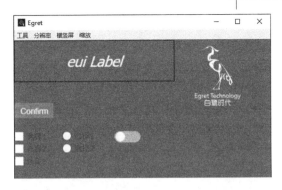

图 4-10　程序运行结果（显示状态切换按钮）

在单选按钮的右侧新出现一个状态切换按钮。当与这个按钮进行交互的时候，会在调试窗口出现类似如下的输出，如图 4-11 所示：

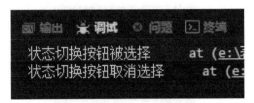

图 4-11　输出结果

（7）滑动选择器

EUI 里有两种滑动选择器：eui.HSlider 和 eui.VSlider，前者是水平方向的，后者是垂直方向的。

继续上一个项目，在 Main 类里继续添加以下两个方法，参见二维码 4-7：
在 onGroupComplete 方法里执行 drawSlider 方法：

二维码 4-7

```
private onGroupComplete() {
    egret.registerImplementation("eui.IAssetAdapter", new AssetAdapter());
    egret.registerImplementation("eui.IThemeAdapter", new ThemeAdapter());
    this.drawLabel();
    this.drawImage();
    this.drawButton();
    this.drawCheckBoxes();
    this.drawRadioButtons();
    this.drawToggleButton();
    this.drawSlider();
}
```

启动调试播放器观看结果，如图 4-12 所示：

在多选框的下方新出现一个水平滑动选择器。当与这个选择器交互的时候，会在调试窗口出现类似如下的输出，如图 4-13 所示：

在第一个代码清单中，第 7 行 slider 对象通过 minimum 属性指定最小值；第 8 行通过 maximum 属性来指定最大值；第 9 行通过 value 属性来获取或指定当前值，而且该值在最小值和最大值之间。

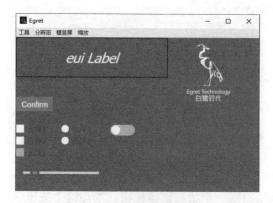

图 4-12　程序运行结果（显示滑动选择器）

图 4-13　输出结果

课后作业：试试指定 eui.VSlider 的属性，然后观看结果。

（8）进度条

eui.ProgressBar 类提供了进度条的功能，可以在加载资源的时候，使用它去显示加载进度。继续上一个项目，给 Main 类继续添加一个方法，参见二维码 4-8：

二维码 4-8

在 onGroupComplete 方法里对这个方法进行调用：

```
private onGroupComplete() {
    egret.registerImplementation("eui.IAssetAdapter", new AssetAdapter());
    egret.registerImplementation("eui.IThemeAdapter", new ThemeAdapter());
    this.drawLabel();
    this.drawImage();
    this.drawButton();
    this.drawCheckBoxes();
    this.drawRadioButtons();
    this.drawToggleButton();
    this.drawSlider();
    this.drawProgressBar();
}
```

启动调试播放器观看结果，如图 4-14 所示：

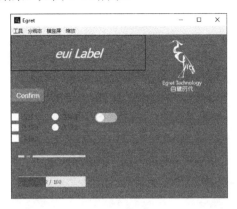

图 4-14　程序运行结果（显示进度条）

在滑动选择器下方新出现一个进度条。

在第一个代码清单里，第 3 行通过 maximum 属性设置进度条的最大值；第 4 行通过 minimum 属性设置进度条的最小值；第 11 行通过 value 属性设置进度条的当前值，该值在最小值和最大值之间。开发者可以在项目里动态改变进度条的当前值，从而产生动态的效果。

课后作业：读者试试使用计时器周期性改变进度条的当前值，从而产生动态的效果。

（9）输入文本

EUI 使用 eui.EditableText 来编辑文本。

继续上一个项目，给 Main 类继续添加以下两个方法，参见二维码 4-9：

在 onGroupComplete 方法里调用 drawEditableText 方法：

二维码 4-9

```
private onGroupComplete() {
    egret.registerImplementation("eui.IAssetAdapter",  new AssetAdapter());
    egret.registerImplementation("eui.IThemeAdapter",  new ThemeAdapter());
    this.drawLabel();
    this.drawImage();
    this.drawButton();
    this.drawCheckBoxes();
    this.drawRadioButtons();
    this.drawToggleButton();
    this.drawSlider();
    this.drawProgressBar();
    this.drawEditableText();
}
```

运行调试播放器观看结果，如图 4-15 所示：

在进度条的下方新出现一个输入文本域。

在第 1 个代码清单中，第 2 行创建了一个 eui.Component 对象——component。eui.Component 是一个组件的容器，通过它的 skinName 可以把皮肤里的所有子组件放到这个容器里。

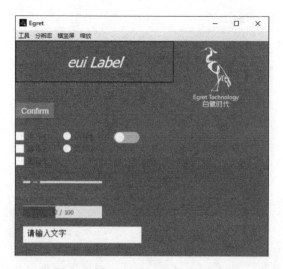

图 4-15　程序运行结果（显示输入文本）

第 5 行通过 component 对象的 skinName 属性给其指定皮肤。这里需要注意，因为皮肤的加载是异步的，所以对皮肤里的子组件进行操作之前，一定要确保皮肤已经加载完毕了。

第 7 行，component 对象添加了 eui.UIEvent.COMPLETE 事件的监听器——onSkinLoad，当皮肤加载完毕，就会执行这个监听器，这样就能确保在皮肤加载完毕之后，对皮肤里的组件进行操作。

在 onSkinLoad 方法里，component 对象通过 getChildAt 方法获取序号为 2 的子组件。如果读者在 EgretWing 里打开皮肤 resource/eui_skins/TextInputSkin.exml，会发现序号为 2 的子组件的类型是 eui.EditableText，这个类就是 EUI 的输入文本类。

第 16 行通过 text 属性把输入文本的内容改为"请输入文字"。

课后作业：试试设置 eui.EditableText 类的其他属性。

4.2.2　组件容器

EUI 提供了很多组件容器，而且它们具有布局的功能。

（1）组（Group）

组是 EUI 里最简单的容器，其对应的类是 eui.Group。这个类不能设置皮肤，也没有外观。本案例将展示 eui.Group 的使用方法，以及它的布局功能。

首先创建一个称为 EuiGroup 的项目，删除 src 文件夹里面除了 AssetAdapter.ts 和 ThemeAdapter.ts 之外的所有文件，然后创建一个名为 Main.ts 的类文件，并做出如下修改，参见二维码 4-10：

二维码 4-10

启动调试播放器观看结果，如图 4-16 所示：

在 drawGroup 方法里有两个对象——group 和 outline，后者是前者的可视化边界。通过代码可以看出来，默认 eui.Group 不带任何布局功能，只是将子组件按原坐标进行摆放。接下来介绍 EUI 自带的布局功能。

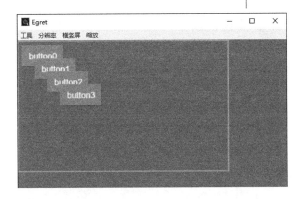

图 4-16　程序运行结果（显示组）

二维码 4-11

给 eui.Group 指定一个水平布局。继续上一个项目，并对 drawGroup 方法做出如下修改，参见二维码 4-11：

启动调试播放器观看结果，如图 4-17 所示：

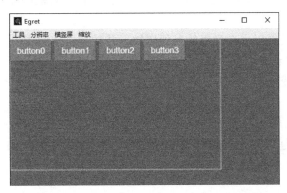

图 4-17　程序运行结果（水平布局功能）

group 对象里的子组件都水平摆放了。eui.HorizontalLayout 是 EUI 自带的水平布局类，这里使用了该类的默认属性。接下来介绍垂直布局。

二维码 4-12

给 eui.Group 指定一个垂直布局。继续上一个项目，并对 drawGroup 方法做出如下修改，参见二维码 4-12：

启动调试播放器观看结果，如图 4-18 所示：

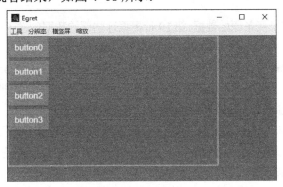

图 4-18　程序运行结果（垂直布局功能）

可以看出，子组件都垂直摆放了。接下来试试网格布局。对 drawGroup 方法进行修改，参见二维码 4-13：

启动调试播放器观看结果，如图 4-19 所示：

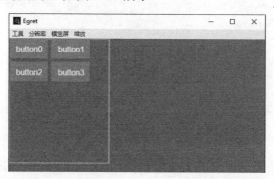

二维码 4-13

图 4-19　程序运行结果（网格布局功能）

新的代码将 group 和 outline 的宽度变窄了，这样能看出效果，否则和水平布局的结果是一样的。

课后作业：试试设置以上布局里的其他属性，并猜测它们的作用。

（2）数组集合（ArrayCollection）

目前流行的引擎或框架都将组件和数据分离。eui.ArrayCollection 类的对象就是 EUI 里组件容器的数据源。

本案例将展示 eui.ArrayCollection 的使用方法。

首先创建一个称为 EuiArrayCollection 的项目，删除 src 文件夹内的所有文件，然后创建一个名为 Main.ts 的类文件，并做出如下修改，参见二维码 4-14：

二维码 4-14

运行调试播放器，会在调试窗口看到如下输出，如图 4-20 所示：

图 4-20　输出结果

代码的第 9 行定义了两条原始数据，第 19 行根据这些原始数据创建了一个 eui.ArrayCollection 对象——collection。

第 20 行 collection 添加了一个 eui.CollectionEvent.COLLECTION_CHANGE 事件的监听器——onCollectionChange，当 collection 里的数据发生改变，就会调用这个方法。

第 24 行往 collection 里添加了一条数据，这会触发数据变更事件。

第 28 行将 collection 里索引是 0 的数据删除，这也会触发数据变更事件。

课后作业：试试设置 eui.ArrayCollection 里的其他方法，并猜测它们的作用。

（3）层叠容器和选项卡

EUI 里对应的层叠容器类是 eui.ViewStack，对应的选项卡类是 eui.TabBar。多数情况下，开发者会结合使用二者。层叠容器可以容纳多个界面（View），但是只能显示一个界面，界面之间可以切换。选项卡就是用来切换这些界面的。

从现在开始，创建一个新项目，该项目将陆续使用后面将会介绍的功能。这个项目跟微信很像，本节先用 eui.ViewStack 和 eui.TabBar 实现移动设备的堆叠模式[⊖]。

首先创建一个称为 FakeWeChat 的项目，删除 src 文件夹里面除了 AssetAdapter.ts 和 ThemeAdapter.ts 之外的所有文件，然后创建一个名为 Main.ts 的类文件，并做出如下修改，参见二维码 4-15：

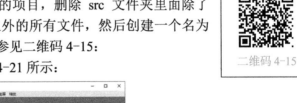

运行调试播放器观看结果，如图 4-21 所示：

图 4-21　程序运行结果（堆叠模式）

模仿微信界面的 TabBar。上面的代码只实现了选项卡功能。

代码清单的第 14 行至第 17 行加载了主题，这样皮肤在运行之前就加载完毕了。

第 32 行创建了一个 eui.TabBar 类的成员对象——tabBar。

第 35 行定义了四条数据，这些数据给选项卡的四个标签项提供了数据。在第 64 行，通过 itemRendererSkinName 属性给选项卡的标签项指定了皮肤，这些数据的各个字段和这个皮肤形成了数据绑定。以下是标签项的皮肤的内容，参见二维码 4-16：

黑体部分体现了数据绑定的语义。

第 62 行根据四条数据创建了一个 eui.ArrayCollection 对象——dataCollection。

第 63 行通过 dataProvider 属性给 tabBar 指定数据。可以看出，dataCollection 是 data 和 tabBar 的中介。

第 64 行通过 itemRendererSkinName 属性给 tabBar 的标签项指定皮肤。因为在之前已经加载了皮肤（第 14 行），所以这里直接使用皮肤名——'TabItemSkin'——就行了。

一般来说，tabBar 里的标签项都处于未选中状态。因为微信默认是选中第一项，所以得调用代码来这件事情。这就是第 67 行代码的功能。

接下来创建叠层容器，从而显示每个标签项对应的内容。

继续上一个项目，向 Main 类里继续添加以下代码，参见二维码 4-17：

———————————
⊖ 参见《About Face 4: 交互设计精髓》第 19 章

而且在 createTabBar 方法里也需要添加一句代码，参见二维码 4-18：

并且在 onGroupComplete 方法里执行 createViewStack 方法：

```
private onGroupComplete() {
    egret.registerImplementation("eui.IAssetAdapter", new AssetAdapter());
    egret.registerImplementation("eui.IThemeAdapter", new ThemeAdapter());
    this.createTabBar();
    this.createViewStack();
}
```

二维码 4-18

运行调试播放器观看结果，如图 4-22 所示：

图 4-22　程序运行结果（创建层叠容器）

通过导航栏的标题可以看出，切换不同的标签项可以更换不同的界面了。

在第一个代码清单中，第 5 行创建了一个 eui.ViewStack 类的成员对象——viewStack。

第 10 行到第 13 行，向 viewStack 对象添加了四个界面。第 14 行通过将 selectedIndex 属性值设为 0，从而将第一个界面设为当前的展示界面。

在第二个代码清单中，第 35 行向 tabBar 对象添加了一个 eui.ItemTapEvent.ITEM_TAP 事件的监听器——onTabItemChange 方法，当单击 tabBar 里的标签项的时候，就会触发这个事件。

再回到第一个代码清单，第 1 行的 onTabItemChange 方法就是标签项单击事件的回调方法。第 2 行代码实现了通过标签项来切换层叠容器的界面的功能。

从第 18 行到第 56 行，通过四个方法创建了四个界面。

（4）列表和滚动控制器

列表是项的容器，而滚动控制器为列表提供了滚动效果。EUI 里的列表和滚动控制器对应的类分别是 eui.List 和 eui.Scroller。

继续 FakeWeChat 项目，这次要在项目中添加列表的滚动效果。给 Main 类继续添加两个方法，参见二维码 4-19：

二维码 4-19

并在 createWeChatGroup 方法里添加几行代码，参见二维码 4-20：

运行调试播放器观看结果，如图 4-23 所示：

二维码 4-20

图 4-23　程序运行结果（列表和滚动控制器）

在层叠容器的第一个界面里添加了消息列表的滚动功能。列表项里的图片来源于互联网。

在第一个代码清单中，第 2 行代码创建了一个 eui.List 对象——list。

第 3 行创建了 8 条数据——data 对象。

第 38 行通过 dataProvider 属性来指定 list 对象的数据来源。

第 39 行通过 itemRendererSkinName 属性，给 list 对象指定列表项的皮肤。读者可以看看这个皮肤的内容，该皮肤的路径为 resource/eui_skins/FakeWeChat/ListItemSkin.exml，该皮肤也使用了数据绑定功能。

第 44 行创建了一个 eui.Scroller 对象——scroller。

第 45 行通过 viewport 属性，将 list 对象放进 scroller 对象的视口（ViewPort）里，从而让 list 对象产生滚动效果。

在第二个代码清单中，第 12 行将滚动控制器 scroller 对象放到层叠容器的第一个界面里。

（5）面板容器

EUI 里面板对应的类是 eui.Panel。它带有标题，而且还有可以控制移动的边框，可自定义它的皮肤。

本案例将编写一个面板的简单应用。

首先创建一个称为 EuiPanel 的项目，删除 src 文件夹里面除了 AssetAdapter.ts 和 ThemeAdapter.ts 之外的所有文件，然后创建一个名为 Main.ts 的类文件，并做出如下修改，参见二维码 4-21：

二维码 4-21

启动调试播放器观看结果，如图 4-24 所示：

单击"close"按钮可以关闭面板，而且还可以移动面板。开发者可以使用面板做对话框。

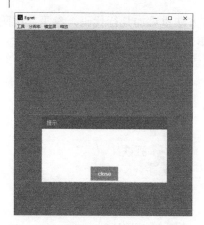

图 4-24　程序运行结果（编写面板）

4.2.3　皮肤

EUI 里的皮肤是基本组件和组件容器的容器，它是由类似 xml 的文件或者字符串定义的，因此它是静态的，所以它只能在程序运行之前定义好，但是可以在运行时向这个容器添加组件和组件容器。

皮肤决定了组件的外观，所以它不包含事件逻辑的处理。Wing 编辑器提供了 EUI 皮肤编辑器，大多数情况下，开发者在这个编辑器里就可以制作皮肤。

所有 eui.Component 的子类都有给自己指定皮肤的功能。既然皮肤是一个容器，那么 eui.Component 的子类的对象也是容器。

接下来看看 Wing 编辑器自带的 EUI 皮肤编辑器。

创建一个默认的 EUI 项目，单击 resource/eui_skins/PanelSkin.exml 文件。EgretWing 编辑器的界面布局如图 4-25 所示：

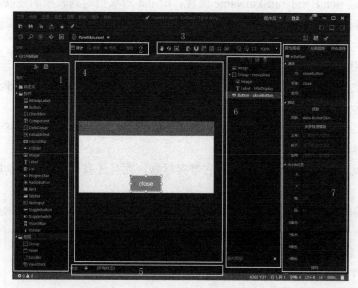

图 4-25　EgretWing 编辑器的界面布局

以下是对各个功能区的解释：

1）组件工具箱（区域1）：这个是向皮肤编辑界面添加组件以及容器的工具箱。在组件工具箱里，里面的大多数的组件和容器在前面的章节里已经介绍过了。开发者可以把这些组件和容器拖拽到皮肤编辑区，然后对它们的属性进行编辑。

2）皮肤编辑功能切换按钮（区域2）：切换皮肤编辑的模式。有时候开发者需要将皮肤编辑切换到源码模式，比如之前提到的数据绑定功能，需要通过此模式将绑定语义添加到皮肤文件里。

3）皮肤功能面板（区域3）：控制皮肤显示的一些功能按钮，比如移动、旋转、缩放和锁定等。

4）皮肤编辑区（区域4）：编辑皮肤的地方。

5）状态栏（区域5）：编辑组件的状态，常见的状态有 up 和 down。

6）层级面板（区域6）：显示皮肤包含的组件以及层级关系。

7）组件属性编辑面板（区域7）：编辑组件的属性。单击里面"所有属性"按钮，可以对被选择的组件的所有属性进行编辑。

默认情况下 Egret 会在 resource/eui_skins 文件夹里寻找皮肤以及加载皮肤。

课后作业：将 FakeWeChat 项目改为用皮肤实现。

4.3 Tween 缓动库

Egret 的 Tween 缓动功能可以让显示对象在指定的时间内，运用差值逐渐改变显示对象的属性。开发者可以使用这个功能去实现显示对象逐渐移动的效果。在使用缓动功能之前，要确保 egretProperties.json 里添加了缓动功能模块：

```
{
    "name": "tween"
}
```

4.3.1 基本功能

二维码 4-22

本节将介绍 Tween 的基本使用方法。

首先创建一个称为 Tween 的项目，删除 src 文件夹内的所有文件，然后创建一个名为 Main.ts 的类文件，并对其做出如下修改，参见二维码 4-22：

启动调试播放器观看结果，如图 4-26 所示：

图 4-26 程序运行结果（缓动功能）

运行程序后会看到一个矩形缓缓向右移动。

第 12 行通过 egret.Tween.get 方法获取参数对象的 Tween 对象，并用 tw 来获取结果。get

方法的原型如下：

```
static get(target: any,
        props?: {
            loop?: boolean;
            onChange?: Function;
            onChangeObj?: any;
        },
        pluginData?: any,
        override?: boolean): Tween;
```

以下是对各个参数的解释：

- target：要激活 Tween 的对象。
- props：功能参数，支持 loop(循环播放)、 onChange(变化函数)和 onChangeObj(变化函数作用域)。
- pluginData：暂未实现。
- override：是否移除对象之前添加的 tween，默认值 false。不建议使用该参数，可使用 Tween.removeTweens(target) 代替。

第 13 行的 to 方法开始实现缓动动画，to 方法的原型如下：

```
to(props: any,  duration?: number,  ease?: Function): Tween;
```

以下是对各个参数的解释：

- props：要做变换的对象的属性集合。
- duration：持续时间。
- ease：缓动算法，常见的算法都存放在 egret.Ease 类里。

该方法返回 Tween 对象本身，所以可以产生链式的方法调用。

课后作业：给示例指定缓动算法，然后观看效果。

4.3.2 缓动对象的其他方法

缓动对象除了 get 和 to 方法之外，还有其他方法，通过这些方法可以创造更复杂的缓动动画。

本案例将展示缓动对象的 call 和 wait 方法的用法。

继续上一个项目，给 Main 类添加一个方法，参见二维码 4-23：

在 onAddToStage 方法里调用这个方法：

二维码 4-23

```
private onAddToStage() {
    let shape = this.createShape();
    shape.x = 50;
    this.addChild(shape);
    let tw = egret.Tween.get(shape);
    tw.to({ x: 500 }, 1500);

    this.continuouslyTween();
}
```

运行调试播放器观看结果，如图 4-27 所示：

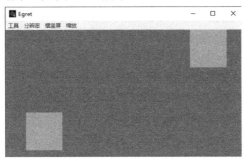

图 4-27　程序运行结果（使用 call 和 wait 方法实现缓动）

第二个方块在一个范围内循环移动。而且在调试窗口会出现如下的输出，如图 4-28 所示：

图 4-28　输出结果

在第一个代码清单中，第 6 行将 loop 参数设置为 true，从而将缓动动画设置成循环播放。

第 8 行代码调用 call 方法，在 to 方法所表示的动画执行完毕之后，就会执行 call 方法的参数所指明的回调函数。call 方法的原型如下：

```
call(callback: Function,  thisObj?: any,  params?: any[]): Tween;
```

以下是对各个参数的解释：

- callback：回调方法。
- thisObj：回调方法 this 作用域。
- params：回调方法参数。

该方法会返回 Tween 对象本身。

第 9 行的 wait 方法会让缓动动画等待参数所表示的毫秒数，该方法的原型如下：

```
wait(duration: number, passive?: boolean): Tween;
```

以下是对各个参数的解释：

- duration：要等待的时间，以毫秒为单位。
- passive：等待期间属性是否会更新。

该方法会返回 Tween 对象本身。

4.4　WebSocket 库

WebSocket 为 Web 开发者提供了双向通信的解决方案，因此开发者不仅可以实现请求和

响应，而且还可以实现推送。

Egret 引擎按照自身事件驱动的风格，封装了 H5 的 WebSocket 功能。如果要使用 Egret 的 WebSocket 扩展库，需要在 egretProperties.json 文件里添加该库，然后再清理项目：

```
{
    "name": "socket"
}
```

本案例将演示 Egret 的 WebSocket 扩展库的基本使用方法。

首先创建一个称为 WebSocket 的项目，删除 src 文件夹内的所有文件，然后创建一个名为 Main.ts 的类文件，并做出如下修改，参见二维码 4-24：

启动调试播放器观看结果，在调试窗口会出现如下输出，如图 4-29 所示：

二维码 4-24

图 4-29　输出结果

程序回显了发送给服务器的消息。

代码第 8 行创建了一个 egret.WebSocket 成员对象——webSocket。

第 11 行，webSocket 添加了一个消息抵达事件的监听器——onReceiveMessage 方法，当 webSocket 从服务器收到消息，就会调用这个方法。

第 14 行，webSocket 添加了一个连接成功事件的监听器——onSocketOpen 方法，当 webSocket 连接成功，就会调用这个方法。

第 16 行，webSocket 通过 connect 方法连接到远程服务器。以下是 connect 方法的原型：

```
connect(host: string,   port: number): void;
```

以下是对各个参数的解释：

● host：要连接到的主机的名称或 IP 地址。

● port：要连接到的端口号。

echo.websocket.org:80 是专门给开发者做连接测试用的地址。

第 22 行，webSocket 通过 writeUTF 方法，将字符串 message 发送给服务器。以下是 writeUTF 方法的原型：

```
writeUTF(message: string): void;
```

以下是对参数的解释：

message：要写入套接字的字符串。

第 26 行，webSocket 通过 readUTF 方法获取服务器返回的消息。以下是 readUTF 方法的原型：

```
readUTF(): string;
```

方法返回服务器返回的消息字符串。

webSocket 除了可以发送接收字符串消息，还可以发送接收二进制字节数组，对应的方法分别为 writeBytes 和 readBytes。而且这两个方法需要序列化与反序列化功能的支持（比如 protobufjs）。

4.5　P2 物理系统库

Egret 引擎可以和 P2 物理引擎结合使用。使用 P2 物理引擎之前，需要把该引擎导入到项目中。Egret 官方提供的 egret-game-library 就收录了 P2 引擎，它的 git 地址为 https://github.com/egret-labs/egret-game-library.git。

在 egretProperties.json 文件里添加类似如下的模块声明，来添加 P2 引擎：

```
{
    "name": "physics",
    "path": "../../egret-game-library/physics/libsrc"
}
```

清理项目之后，P2 引擎就添加到项目中了。接下来通过一个案例来讲解 P2 引擎的使用方法。

本案例将创建一个能弹射小球的场景，场景四周由刚体围成，通过一个按钮来发射小球。

二维码 4-25

首先创建一个称为 P2Physics 的项目，删除 src 文件夹内除了 AssetAdapter.ts 和 ThemeAdapter.ts 文件之外所有的文件。然后创建一个名为 Main.ts 的类文件，并做如下修改，参见二维码 4-25：

再创建一个 Constants.ts 类文件，里面保存着常量：

```
class Constants {
    public constructor() {
    }

    public static readonly NUMBER_P2_CONVERT_FACTOR: number = 50;
}
```

再创建一个 Utilities.ts 类文件，里面定义了工具函数：

```
class Utilities {
    public constructor() {
    }

    public static egretToP2(number: number): number {
        return number / Constants.NUMBER_P2_CONVERT_FACTOR;
    }

    public static p2ToEgret(number: number): number {
        return number * Constants.NUMBER_P2_CONVERT_FACTOR;
    }
}
```

```
}
```

运行调试播放器观看结果，如图 4-30 所示：

图 4-30　程序运行结果（弹射小球）

单击"发射小球"按钮将在左侧发射出一个小球。

在 Main 类里，第 29 行调用了 createScene 方法，该项目里的所有内容都是通过这个方法创建的。

第 32 行，创建了一个 p2.World 的成员对象——world，并通过 gravity 参数给其指定了加速度——[0, 9.82]，这个加速度参数是一个矢量，而且这个值正好接近地球附近的重力加速度。

第 36 行的 createScene 方法依次调用了 setupWorld、createFrames 和 createButton 方法。这些方法的调用创建了该项目的所有内容。

第 44 行的 setupWorld 方法给 world 对象设置了相关属性。第 45 行设置了 world 对象的睡眠模式，当处在这种睡眠模式下，刚体在一定时间后会自动进入睡眠状态，从而提高性能。

第 47 行启动了心跳回调，在 49 行执行了 step 方法，该方法是驱动整个 P2 物理系统持续运转的关键。

在第 55 行 step 方法里，第 62 行执行了 world 对象的 step 方法，该方法就是 P2 物理引擎的步进方法。该方法的原型如下：

```
step(dt: number,   timeSinceLastCalled?: number,   maxSubSteps?: number): void;
```

第一个参数 dt 是步进的时间间隔，单位是秒，所以第 62 行将 dt 除以 1000，从而将 dt 转换成以秒为单位的。

第 64 行之后的 for 循环，目的是要遍历 world 里的所有刚体。因为刚体可以携带显示对象，但是在运行时，P2 无法对这些携带的显示对象进行位置上的更新，所以得手动更新它们的位置。

第 66 行，刚体携带的显示对象就存放在它的 displays 数组里。

第 71 行，进行了长度的转换。因为 P2 的坐标系和 Egret 的坐标系不一样，所以长度在这里需要转换。如果读者去阅读 Utilities.ts 和 Constants.ts 里的代码，就能发现长度是如何转换的了。

第 83 行的 createFrames 方法里，调用了四个方法来创建场景的四个围墙。

第 90 行的 createTopSide 方法创建了上部的墙体。

第 91 行创建了一个 p2.Body 对象——body，这是一个刚体对象。以下是 p2.Body 构造函数的原型：

```
constructor(options?);
```

参数 options 是一个对象，它可以指定的属性如下所示：

- force：该属性是一个含有两个数字的数组，它表示刚体受到的作用力的矢量值。
- position：该属性是一个含有两个数字的数组，它表示刚体的初始位置的矢量值。
- velocity：该属性是一个含有两个数字的数组，它表示刚体的初始速度的矢量值。
- allowSleep：该值是一个布尔值，用来指定是否可以进入睡眠状态。
- angle：该值是一个数字，表示刚体的初始旋转角度。
- angularForce：该值是一个数字，表示刚体的旋转力的值。
- angularVelocity：该值是一个数字，表示初始的角速度。
- mass：该值是一个数字，表示刚体的质量。
- type：该值是一个数字，表示刚体的类型。常用的值有 p2.Body.STATIC 和 p2.Body.DYNAMIC，分别表示静止不动的刚体和具有动态的刚体。

第 96 行创建了一个 p2.Box 的对象——shape。以下是 p2.Box 构造函数的原型：

```
constructor(options?: Object);
```

参数 options 也是一个对象，它可以指定的属性如下所示：

- width：指定矩形的宽度。
- height：指定矩形的高度。

第 100 行创建了一个显示对象——shapeDisplayed。

第 107 行，给 body 刚体添加了形状——shape 对象。p2.Box 是 p2.Shape 的子类。p2.Shape 的子类还包括：p2.Capsule、p2.Circle、p2.Convex、p2.Line 和 p2.Plane 等等。

第 108 行，让刚体对象 body 携带显示对象 shapeDisplayed。

第 109 行，将刚体对象 body 添加到 world 对象的刚体列表里。

随后的三个方法用类似的方式，分别创建了底边刚体、左侧刚体和右侧刚体。

第 180 行的 createButton 方法创建了发射小球的按钮。

第 190 行的 emitBall 是按钮单击时的回调方法。

第 192 行创建了一个刚体对象，193 行指定了该刚体的初始位置，195 行指定了刚体的初始速度，196 行指定了刚体的质量，197 行把刚体指定为动态的。

第 200 行创建了一个 p2.Circle 对象——shape，radius 参数指定了它的半径。p2.Circle 也是 p2.Shape 的子类。

emitBall 方法内的其他代码和之前介绍的 createTopSide 方法内部的代码很类似。由此读者也许可以看出来，p2 物理系统的基本组成部分就是世界（p2.World）、刚体（p2.Body）、形状（p2.Shape）以及显示对象（egret.DisplayObject）。

4.6 本章小结

本章对 Egret 的扩展库的使用进行了介绍，这些知识点是理解笔者开发的游戏前端框架的关键。在下一章里，将向读者介绍笔者开发的 sparrow-egret 游戏前端框架。

第 5 章　sparrow-egret 游戏前端框架

sparrow-egret 是笔者开发的一系列基于 Egret 引擎的框架，它实现了一些 Egret 没有提供的功能。Egret 里的功能在这款框架之内完全适用。

本章将囊括如下内容：

● MVC 架构模式

● sparrow-egret 功能介绍

5.1　MVC 架构模式

MVC 代表三个单词的缩写：Model（模型）、View（视图）以及 Controller（控制器）。该模式将显示、数据和业务逻辑分离，从而可以实现单独变化，不会影响到其他方面。该模式是客户端开发的经典模式。

PureMVC 框架是 MVC 架构模式的一个实现。

sparrow-egret 使用了 PureMVC 框架，所以想理解 sparrow-egret 某些方面的使用方法，必须先要知道 PureMVC 的使用方法。

5.1.1　PureMVC 简明教程

PureMVC 的官方网址是 http://puremvc.org/。该框架提供了多种语言的实现，比如 C++、C#、Java 以及 Python 等。本节将介绍 TypeScript 的实现。

本书附带的资源里已经提供了 PureMVC 框架，路径是：前端/3rdParty/PureMVC。

在使用 PureMVC 的时候，主要会使用到 Facade、Mediator、Proxy 以及 Command 类。它们的关系如图 5-1 所示。

从图 5-1 可以看出，Facade 是 Mediator、Proxy 以及 Command 的容器。

PureMVC 采用的是订阅者-发布者模式，也可以说是观察者模式。

> **关于订阅者-发布者模式**
>
> 　在这个模式中有两类参与者——订阅者和发布者。发布者负责发布消息，订阅者负责接收并处理消息。
>
> 　打个比喻，报纸的发行商就是发布者，阅读报纸的读者就是订阅者。

Facade 就像个集线器，把 Mediator、Proxy 以及 Command 连接起来，从而能够让它们之间收发消息。Facade 通过 registerMediator 方法来注册添加 Mediator；通过 registerProxy 方法来注册添加 Proxy；通过 registerCommand 方法来注册添加 Command；通过 sendNotification 方法来向所有元素发布消息。

Mediator 即可以发送消息也可以接收消息，而且可以携带视图组件；Proxy 只能发布消息，主要用来存储数据；Command 既可以发送消息也可以接收消息。

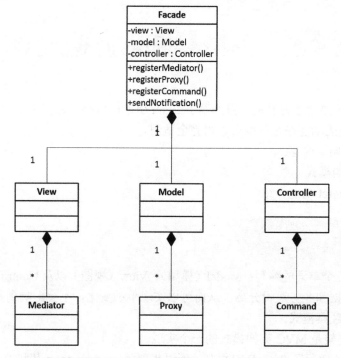

图 5-1 PureMVC 结构图

接下来通过一个示例来解释这些组件是如何工作的，这个示例将创建一个具备回显功能的项目。

首先创建一个称为 PureMVCDemo 的项目，删除 src 文件夹内除了 AssetAdapter.ts 和 ThemeAdapter.ts 文件之外的所有文件。然后创建一个名为 EchoMediator.ts 的类文件，参见二维码 5-1：

二维码 5-1

再创建一个称为 EchoCommand.ts 的类文件，参见二维码 5-2：

再创建一个称为 EchoProxy.ts 的类文件：

二维码 5-2

```
1    class EchoProxy extends puremvc.Proxy {
2        public static readonly NOTIFICATION_NAME = 'echo';
3
4        public constructor() {
5            super('EchoProxy');
6        }
7
8        public static instance = new EchoProxy();
9    }
```

接下来创建一个 Main.ts 的类文件，参见二维码 5-3：

把随书附带的皮肤资源也添加进项目里。

运行调试播放器观看结果，如图 5-2 所示：

修改输入框里的文字，回显标签能立即显示修改后的结果。

先看一下 EchoMediator.ts 这个文件。第 2 行构造函数的参数，就是该

二维码 5-3

Mediator 携带的视图组件——一个 eui.Label 对象。

图 5-2　程序运行结果

第 6 行重写了 puremvc.Mediator 的 listNotificationInterests 方法，该方法返回该 Mediator 感兴趣的消息名称的数组。该方法一定要重写，否则该 Mediator 会收不到感兴趣的消息。

第 10 行重写了 puremvc.Mediator 的 handleNotification 方法，该方法对收到的消息进行处理。该方法的参数是一个实现了 puremvc.INotification 接口的类的对象。以下是 puremvc.INotification 接口的定义：

```
export interface INotification {
    getName():string; // 返回消息的名称
    setBody( body:any ):void; // 设置消息体
    getBody():any; // 获取消息体
    setType( type:string ):void; // 设置消息类别
    getType():string; // 获取消息类别
    toString():string; // 将本对象转化成一个字符串
}
```

可以看出来，puremvc.INotification 的实现类基本上会含有消息名称、消息体（消息内容）以及消息类别。

PureMVC 框架内部传递的消息就是这个接口的实现类的对象。

第 14 行，Mediator 是通过 getViewComponent 方法来获取携带的视图组件的。

第 15 行，将回显标签的内容修改为消息体的内容。

PureMVC 框架会对上述两个重写的方法进行调用。

接下来看一下 EchoCommand.ts 文件。第 2 行定义了触发该 SimpleCommand 的消息名称的常量——NOTIFICATION_NAME。有了这个常量之后是很方便的，比如可以避免因字符串拼写错误所造成的意外。

PureMVC 提供了两种 Command：SimpleCommand 和 MacroCommand。前者是一个简单而单一的 Command；后者是多个 SimpleCommand 的批处理集合。

第 9 行重写了 SimpleCommand 类的 execute 方法，该方法是用来对消息进行处理的。当触发该 Command 的时候，PureMVC 框架会回调这个方法。

第 12 行，EchoProxy 的全局静态实例发出一个消息，对该消息感兴趣的 Mediator 将会接收到该消息。

接下来看一下 EchoProxy.ts。第 2 行定义了该 Proxy 发出的消息的名称常量——NOTIFI-CATION_NAME。

第 8 行定义了 EchoProxy 类的一个全局静态对象——instance。

最后看一下 Main.ts 文件。第 39～40 行，textInput 对象添加了一个内容变更事件的监听器——onTextInputChange 方法，当 textInput 的内容发生变化的时候，就会调用该方法。

第 44 行，创建了一个 EchoMediator 类的对象——mediator，并把视图组件——echoLabel——传递给它，让它携带。

第 46 行，通过 Facade 的 registerCommand 方法来注册添加 EchoCommand。该方法的原型如下：

```
public registerCommand(notificationName: string,    commandClassRef: Function): void;
```

以下是对各个参数的解释：

- notificationName：消息名称。当 PureMVC 框架内发出带有这个消息名称的消息的时候，PureMVC 框架就会新创建一个该 Command 类的一个实例，然后用这个实例去处理该消息。
- commandClassRef：Command 的类名称。注意这里不是一个 Command 对象，而是一个 Function。该类的实例会在框架内部散发与该类相关的消息名称的时候创建。

第 48～49 行，通过 Facade 的 registerProxy 方法来注册添加 EchoProxy 全局静态实例。

第 50～51 行，通过 Facade 的 registerMediator 方法来注册添加刚才创建的 EchoMediator 对象——mediator。

通过以上三个方法的调用，把 Mediator、Command 以及 Proxy 通过 Facade 联系在了一起，从而之间可以交换消息。

第 56 行，通过 Facade 的 sendNotification 方法向 PureMVC 系统内部散发消息。该方法的原型如下：

```
public sendNotification(name:string,    body?:any,    type?:string):void;
```

以下是对各个参数的解释：

- name：消息名称。
- body：消息体。
- type：消息类别。

通过这三个参数，会在方法内部创建一个 puremvc.Notification 类的对象，该类是 puremvc.INotification 的一个实现类。然后这个消息对象就会在框架内部散发。除了 Facade 之外，Mediator、Command 以及 Proxy 都有这个方法，而且功能是一样的。

以下是该示例中出现的对象之间的交互序列图，如图 5-3 所示：

5.1.2 PureMVC 在 sparrow-egret 里的应用

MVC 模式的一个主要用途是实现联网的客户端，所以 sparrow-egret 里使用 PureMVC 的意图就是要实现网络协议的发送、接收以及处理的功能。

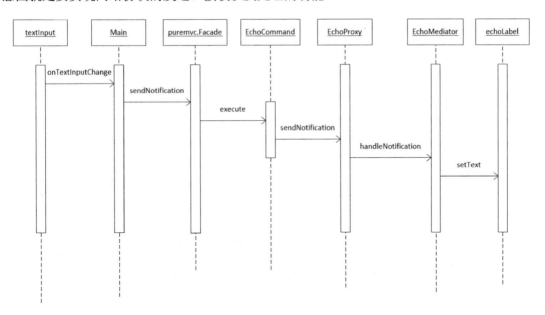

图 5-3   PureMVC 示例程序的交互序列图

sparrow-ts 框架里的三个主要类分别是：sparrow.ts.core.Mediator、sparrow.ts.core.RequestCommand 以及 sparrow.ts.core.InboundProtocolProxy[⊖]。

sparrow.ts.core.Mediator 是用来收发消息，而且可以携带视图组件，在消息处理的过程中可以使用这些视图组件。

sparrow.ts.core.RequestCommand 是专门发送请求的命令。

sparrow.ts.core.InboundProtocolProxy 是专门接受进站数据的 Proxy，这些进站数据的方式有响应和推送。当该 Proxy 从服务器收到数据，就会将这些数据通过消息的形式在 PureMVC 系统的内部进行散发，对这些消息感兴趣的 Mediator 就可以对这些数据进行处理。

在随后的 5.2.5 节中，将向读者这些与协议相关的组件。

5.2   sparrow-egret 功能介绍

5.2.1   程序入口

sparrow-egret 框架的入口类是 sparrow.core.Entry，这就意味着所有使用该框架的 Main 类都要继承该类。这个类是个抽象类，需要实现$initialize()方法。

sparrow-egret-core 框架依赖于一系列其他的框架，这些框架都在随书附带的资源中，也可以通过 git 下载。

入口类是在 sparrow-egret-core 里定义的。

该框架的运作还需要以下几个库的支持：

⊖ 考虑到别的 TypeScript 项目也会使用到该 MVC 功能，所以把该功能提取到一个称为 sparrow-ts 的框架内部，以便重复使用。

```
sparrow-ts-common
sparrow-ts-core
sparrow-ts-common-protobufjs
sparrow-egret-common
```

可以在本书附录中找到这些库的 git 地址。

接下来通过一个示例来展示它的用法。该示例在刚进入程序的时候在控制台输出一句话："Hello sparrow-egret"。

二维码 5-4

首先创建一个称为 SparrowEntry 的项目，然后修改 egretProperties.json 文件，从而加载第三方库，参见二维码 5-4：

黑体是需要添加的部分。一定要注意添加的顺序，因为添加的顺序就决定了库的加载顺序，加载顺序不对，运行时就会因为无法找到依赖而报错。然后清理项目从而将这些库添加到项目里。

删除 src 文件夹内的所有文件，创建一个名为 Main.ts 的类文件，对其做出如下修改：

```
1    class Main extends sparrow.core.Entry {
2        public constructor() {
3            super();
4        }
5        /**@override */
6        protected $initialize() {
7            egret.log('Hello sparrow-egret');
8        }
9    }
```

运行调试播放器观看结果，在调试输出窗口中有如下的输出，如图 5-4 所示：

图 5-4　输出结果

Main 类继承了 sparrow.core.Entry 类。Entry 是一个抽象类，需要实现$initialize 方法，该类在回调这个方法之前，会做一些准备工作，比如将 Director 实例放到舞台上。准备工作做完之后，就会回调$initialize 方法了。

> **编程约定**
>
> 笔者编写的框架有如下的编程约定：以一个$开头的方法是可覆盖但不可调用的，比如这样：$likeThis()；以两个$开头的方法是不可覆盖也不可调用的，比如：$$likeThis()。当然这些方法的属性都是 protected 或者 public 的。

开发者可以在$initialize 做一些游戏的准备工作，比如联网、加载资源以及创建各种对象等。

5.2.2　监听资源的加载

sparrow-egret-core 提供了资源加载监听功能，从而可以监听资源加载的进度和完成程度。开发者可以通过这个功能来实现资源加载进度场景。

本示例将实现一个显示资源加载进度的项目。

首先创建一个称为 SparrowResourceManager 的项目，像上一个项目那样将第三方库加进来。删除 src 文件夹内的所有文件，然后创建一个名为 ResourceLoadListener.ts 的类文件，参见二维码 5-5：

再创建一个名为 Main.ts 的类文件：

```
1    class Main extends sparrow.core.Entry {
2        public constructor() {
3            super();
4        }
5        /**@override */
6        protected $initialize() {
7            sparrow.core.ResourceManager.getInstance()
8                .initialize(new ResourceLoadListener());
9        }
10   }
```

运行调试播放器，在调试窗口会有如下的输出，如图 5-5 所示：

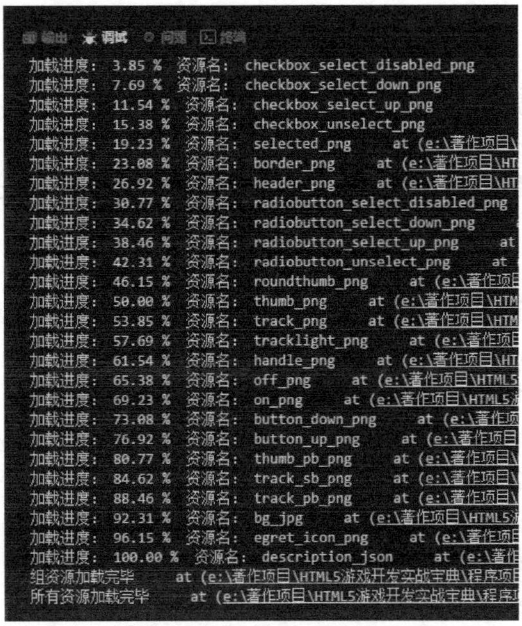

图 5-5　输出结果

在第一个代码清单 ResourceLoadListener.ts 里，ResourceLoadListener 类实现了 sparrow.core. IResourceLoadListener 接口。以下是 sparrow.core.IResourceLoadListener 的定义：

```
namespace sparrow.core {
    export interface IResourceLoadListener {
        getGroupNameListToPreload(): IGroupNameAndPriorityPair[];
        $onResourceGroupLoadError(event: RES.ResourceEvent): void;
        $onResourceGroupProgress(event: RES.ResourceEvent): void;
```

```
$onItemLoadError(event: RES.ResourceEvent): void;
$onResourceGroupLoadComplete(event: RES.ResourceEvent): void;
$onAllResourceGroupLoadComplete(): void;
    }
}
```

以下是对各个方法的解释：

- getGroupNameListToPreload：返回资源组名称和优先级所组成的对象的数组。
- $onResourceGroupLoadError：当资源组加载出现错误时，就会回调这个方法。
- $onResourceGroupProgress：当加载每个资源项时，就会回调这个方法。
- $onItemLoadError：当当前资源项加载出现错误时，就会回调这个方法。
- $onResourceGroupLoadComplete：当当前资源组加载完毕后，就会回调这个方法。
- $onAllResourceGroupLoadComplete：当 getGroupNameListToPreload 方法返回的所有资源组都加载完毕后，就会回调这个方法。

这个接口就是用来指定加载的资源组，并且监听资源加载进程的。

第 5 行，指定加载的资源组的名称是 preload。

第 17 行，输出了当前的资源加载的百分比，以及当前正在加载的资源的名称。

在第二个代码清单 Main.ts 中，ResourceManager 的实例调用了自身的 initialize 方法来初始化自身，并指定一个 IResourceLoadListener 的实现类的对象，从而加载该对象指定的资源组。initialize 方法是必须调用的，而且它的参数可以是 null，这样就不会加载任何资源组，可以稍后通过调用 performResourceLoadListener 方法来执行资源组的加载和监听。

ResourceManager 使用的是 Egret 默认的资源加载配置文件——default.res.json。

5.2.3 场景堆栈

开发者经常会遇到这样的需求：有多个场景，而且需要在这些场景之间进行切换。Egret 自身没有提供这项功能，为了弥补这个不足，sparrow-egret-core 通过场景堆栈实现了该功能。

本示例将创建三个场景，而且这三个场景之间可以频繁切换。

首先创建一个称为 SparrowSceneStack 的项目，删除 src 文件夹内的所有文件。然后创建一个名为 SceneOne.ts 的类文件，参见二维码 5-6：

再创建一个称为 SceneTwo.ts 的类文件，参见二维码 5-7：

再创建一个称为 SceneThree.ts 的类文件，参见二维码 5-8：

再创建一个称为 ResourceLoadListener.ts 的类文件，参见二维码 5-9：

二维码 5-6

二维码 5-7

二维码 5-8

二维码 5-9

最后再创建 Main.ts：

```
1    class Main extends sparrow.core.Entry {
2        public constructor() {
```

```
3              super();
4          }
5          /**@override */
6          protected $initialize() {
7              sparrow.core.ResourceManager.getInstance()
8                  .initialize(new ResourceLoadListener());
9          }
10     }
```

该项目需要的皮肤，在随书附带的文件里可以找到。

运行调试播放器观看结果，如图 5-6 所示：

图 5-6　程序运行结果（场景堆栈）

三个场景可以通过按钮来回切换，而且在调试输出窗口中会有类似如下的输出，如图 5-7 所示：

图 5-7　输出结果

在代码清单 SceneOne.ts 中，第 1 行声明了一个继承自 sparrow.core.Scene 的类——SceneOne，这个就是第一个场景。sparrow.core.Scene 的构造函数原型如下所示：

　　public constructor(sceneName: string,　mediatorName: string,　skinName: string, proxyServer: sparrow. ts.core.ProxyServer);

以下是对各个参数的解释：

- sceneName：场景名称。
- mediatorName：Mediator 的名称。Scene 类里有一个 mediator 的成员对象，所以需要这个参数来构造这个 mediator 成员对象。所以 Scene 可以间接收发自己感兴趣的消息。
- skinName：皮肤名称。如果加载了主题，就可以给组件直接指定皮肤名了。打开一个皮肤，切换到源码模式，e.Skin 节点下的 class 属性值就是皮肤名称。sparrow-egret-core 的 ResourceManage 已经加载了主题。
- proxyServer：代理服务器。一个场景会和一个代理服务器关联。代理服务器的话题会在下一节讲解。

第 6 行，覆盖了$onSetup 方法，当场景一切准备就绪的时候（比如场景被放到舞台、皮肤资源都加载完毕等），就会回调这个方法。开发者可以通过覆盖这个方法来布置场景，比如给子组件添加事件监听器。

第 16 行，当单击场景 1 里的按钮时，sparrow.core.Director 实例就会通过 pushScene 方法把场景 2 压入场景堆栈。

第 20 行，覆盖了$onPush 方法，当场景被压入场景堆栈时就会回调这个方法。

第 24 行，覆盖了$onHangUp 方法，当有别的场景压入，当前的场景就会回调这个方法，这时候当前的场景被挂起。

第 28 行，覆盖了$onRecover 方法，当别的场景弹出场景堆栈，重新置顶的场景就会回调这个方法。

第 29 行，覆盖了$onPop 方法，当当前场景弹出场景堆栈时，就会回调这个方法。

第二个代码清单 SecneTwo.ts 中，第 23 行，sparrow.core.Director 实例通过 popScene 方法来弹出当前场景。

第三个代码清单 SceneThree.ts 就不做多余的解释了，因为里面的知识点在前两个代码清单里都讲解了。

在第四个代码清单 ResourceLoadListener.ts 中，第 22 行，在所有资源都加载完毕之后，压入场景 1。$onAllResourceGroupLoadComplete 回调方法里是压入场景的好地方，因为这时资源都加载完毕了，包括场景依赖的皮肤。

sparrow.core.Scene 的其他重要的方法将会在随后的章节里介绍。

5.2.4 代理服务器

代理服务器是客户端和服务器之间的中转站，图 5-8 给出了这种设计的设计图：

客户端直接和代理服务器通信，然后代理服务器再和远程服务器通信。sparrow-egret 里的代理服务器是放在客户端的，它的基类是 sparrow.ts.core.ProxyServer。可以看出，这个基类在别的 TypeScript 项目里也是可用的。

客户端　　　　　　　　　　代理服务器　　　　　　　　服务器

图 5-8　代理服务器结构图

在 sparrow-egret-core 框架里，有四个 sparrow.ts.core.ProxyServer 的具体类，它们都具体使用了 Egret 提供的联网功能：

- WebSocketOnJsonStringProxyServer：该代理服务器和远程服务器建立 JSON 字符串传输的连接。
- WebSocketWithProtoBufProxyServer：该代理服务器和远程服务器建立二进制字节数组传输的连接，并且使用 protobufjs 编码解码。该代理服务器将 protobufjs 的使用和客户端的代码隔离开，从而阻止 protobufjs 污染整个客户端，导致无法改变连接的传输方式。
- HttpGetRequestProxyServer：Get 方式的 HTTP 请求连接。
- HttpPostRequestProxyServer：Post 方式的 HTTP 请求连接。

这些连接传输方式可以在项目运行之前随意切换，而且不用修改客户端代码。这种低耦合的设计，可以扩展 ProxyServer（比如添加第二种编解码器的传输方式），而不必修改客户端的代码。

关于代理服务器的使用方法，将在随后章节的实战项目里进行介绍。

5.2.5　请求、响应、推送以及处理响应和推送

在 5.1.2 节，读者已经了解到 sparrow-ts 使用 PureMVC 来实现请求、响应、推送、发送请求以及对响应和推送的处理。本节将向读者介绍这个机制是如何使用的。

（1）请求

sparrow-ts 里请求类的基类是 sparrow.ts.core.RequestCommand。一个典型的 RequestCommand 的子类是这样编写的，参见二维码 5-10：

这段代码是 sparrow-egret-core 中测试网络联通的 ping 请求类。

第 2 行，每个 RequestCommand 的子类都要用@sparrow.ts.core.RequestCommandDecorator 装饰器装饰，而且还要继承 RequestCommand。

第 4 行，定义请求名称，该名称要表明请求的意图。

第 6 行，定义通知名称，它是 sendNotification 方法的第一个参数，这样就会在 PureMVC 里散发消息。在这里就是通过它来执行 PingRequestCommand，执行之后，请求数据就发送给后台了。

第 14 行，开始定义请求消息对象，其中第 15 行的 request 字段是请求名称；第 16 行的 body 字段是消息体，body 对象里的所有字段都是请求携带的数据。在这里，请求不携带任何数据。

第 24 行，覆盖了基类的静态 toString 方法。这个方法是必须被覆盖的，而且返回值必须是执行该 Command 的通知名称（NOTIFICATION_NAME），因为框架将会调用 Facade 的 registerCommand 方法来注册该 Command，而且第一个参数就是 toString 方法返回的通知名称。

（2）响应

sparrow-ts 里响应类的基类是 sparrow.ts.core.InboundProtocolProxy。一个典型的响应类是这样编写的，参见二维码 5-11：

这个类是 ping 请求类对应的响应类。

第 2 行，每个响应类都要用@sparrow.ts.core.InboundProtocolProxyDecorator 装饰，而且还要继承 InboundProtocolProxy。

第 4 行，定义 Proxy 的名称，用来给 Proxy 指定名称。

第 6 行，定义响应名称，该名称表明响应意图。

第 8 行，定义了通知名称。

第 17 行，确保协议是响应协议。

第 18 行，确保后台返回的响应名称和期望的响应名称一致。

第 20 行和 21 行，isSuccess 和 cause 是每个响应都有的字段，分别表示请求是否成功，以及失败的原因。

第 24 行，创建了一个 PureMVC 的通知。之后 Facade 会散发这个通知。

第 25 行，通知附带的数据。这些数据是从响应携带的数据获取的。

第 34 行，实现了基类的 clone 方法，该方法只是返回当前类的一个实例。由于框架的实现机制，这个方法是必须实现的。

第 38 行，方法返回 Proxy 的名称，从而指定 Proxy 的名称。

（3）推送

sparrow-ts 里推送类的基类是 sparrow.ts.core.InboundProtocolProxy。一个典型的响应类是这样编写的，参见二维码 5-12：

该类是 ping 请求所引发的推送。它的写法和响应类似，读者可以尝试去解释代码的意图。

二维码 5-12

（4）通知处理器

通知处理器是用来处理响应和推送的，它的基类是 NotificationHandler。下面给出这个基类的代码，参见二维码 5-13：

第 9 行，构造函数需要一个通知名称的参数，这个参数应该是响应或者推送的 NOTIFICATION_NAME 静态公有常量。

二维码 5-13

第 13 行，子类需要覆盖$handle 方法。这是一个回调方法，当执行时，会将当前的 Mediator 和响应或推送附带的数据传递进来。当前的 Mediator 携带 ViewComponent，所以就能获取这个 ViewComponent，从而根据响应或推送的数据来改变这个 ViewComponent。

一个典型的通知处理器类可以这样编写：

```
class PongResponseNotificationHandler extends sparrow.ts.core.NotificationHandler {
    public constructor() {
        super(PongResponseProxy.NOTIFICATION_NAME);
    }
    /**@override */
    public $handle(mediator: sparrow.ts.core.Mediator, data: any): void {
        egret.log('pong');
    }
}
```

这个通知处理器会对 PongResponse 响应进行处理，而且它只是简单地打印'pong'。

（5）Scene、ViewComponent 以及 Component

Scene 表示整个场景，可以通过一个皮肤来创建。

ViewComponent 表示组成场景的组件，比如一个对话框。它也可以通过皮肤来创建，甚至可以放在场景的皮肤里。

Scene 类和 ViewComponent 类存放在 sparrow-egret-core 框架里，它们都实现了 sparrow.ts.core.IViewComponent 接口。它们都携带了 Mediator，但是类型不一样，前者携带的是 sparrow.ts.core.MainMediator，它带有一个 sparrow.ts.core.Channel 对象，该对象与代理服务器（ProxyServer）相连；后者携带的是 sparrow.ts.core.Mediator，它不带有 Channel 对象。

Scene 类和 ViewComponent 类都能发送请求、处理响应和推送。

一个典型的 Scene 子类可以这样编写，参见二维码 5-14：

第 7 行，覆盖了 $addNotificationHandlers。该方法是用来添加通知处理器的。

二维码 5-14

第 10 行，添加了 PongResponseNotificationHandler 的一个实例，而且传递给该实例$handle 方法的 Mediator 参数是 Scene 携带的 MainMediator 对象，通过 Mediator 参数就能获取到这个 Scene。

第 14 行，覆盖了$onSetup 方法。在皮肤加载完毕之后，就会回调这个方法。一般情况下，开发者会在这个方法里获取皮肤的组件，然后给组件添加事件监听器以及布置场景。

第 15 行，向后台发送 ping 请求。

ViewComponent 子类的写法和 Scene 子类的写法差不多。在随后章节里的实战项目里，读者会看到更多具体的 ViewComponent。

除了能够发送请求的 Scene 和 ViewComponent 之外，还有一个没有携带 mediator，不能发送请求的 Component，它是 Scene 和 ViewComponent 的基类。三者的继承关系是这样的，如图 5-9 所示：

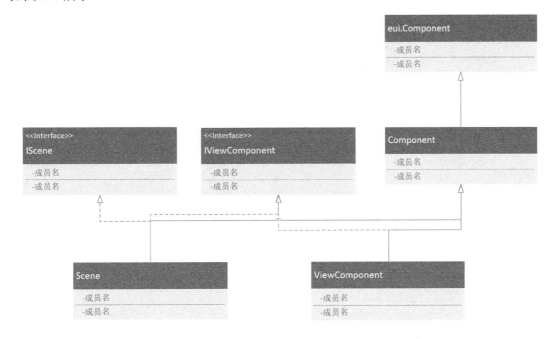

图 5-9　Component、ViewComponent 以及 Scene 的继承关系

Component 和 ViewComponent 都继承于 eui.Component，所以它们的子类会出现在皮肤编辑器的自定义组件里，这样就能对它们的子类进行复用。

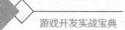

5.3 本章小结

　　本章对 sparrow-egret 的开发框架和主要功能进行了介绍。读者也许会注意到，在编写具体的请求、响应以及推送的时候，很多代码都是重复的。在随后的章节里，笔者将会介绍一个开发辅助工具，通过该工具，开发者可以根据协议的描述，自动生成前端和后台的请求、响应以及推送类。与手动编写相比，自动生成的方法更具有一致性，避免了手动写入所造成的错误，而且更加快捷。

第 3 部分

Netty 编程指南

　　Netty 是由 JBoss 提供的一个 Java 开源框架,现为 Github 上的独立项目。Netty 提供异步的、事件驱动的网络应用程序框架和工具,用以快速开发高性能、高可靠性的网络服务器和客户端程序。

　　也就是说,Netty 是一个基于 NIO 的客户、服务器端的编程框架,使用 Netty 可以确保用户快速、简单地开发出一个网络应用,例如实现了某种协议的客户、服务端应用。Netty 相当于简化和规范了网络应用的编程开发过程,例如:基于 TCP 和 UDP 的 socket 服务开发。

　　在本部分里,笔者将向读者介绍 Netty 的主要使用方法,而且还会讲解笔者开发的、基于 Netty 的后台开发框架 nest 和 JCommon 的主要使用方法。

第6章 Netty 快速入门

Netty 是一款基于 Java 的网络编程框架,能为应用程序管理复杂的网络编程、多线程处理以及并发。Netty 隐藏了样板和底层代码,能够让业务逻辑保持分离,从而更加易于复用。使用 Netty 可以得到一个易于使用的 API,Netty 具有让开发人员可以专注于开发自己的应用程序的独到之处。

6.1 搭建开发环境

开发 Netty 程序需要搭建 Java 开发环境。本节将先介绍如何搭建 Java 开发环境。

6.1.1 安装 JDK

JDK 表示 Java 开发工具包,它是开发 Java 应用程序必备的开发工具。随书附带的资源里已经包含了 jdk-8u221,所以读者可不必自行下载。

JDK 安装完毕之后,将环境变量 JAVA_HOME 设置为 JDK 安装位置(默认情况下就是 C:\Program Files\Java\jdk1.8.0_221)。

然后将%JAVA_HOME%\bin 添加到用户变量的 Path 项里。

打开命令提示符窗口,输入以下命令:

```
javac –version
```

如果有如下输出,则表示 JDK 安装成功:

```
javac 1.8.0_221
```

6.1.2 安装 IDE[⊖]

本书的 Java IDE 将采用 JetBrains 的 IntelliJ IDEA 社区版(本书将其简称为 IDEA),这是一个免费使用的版本。虽然相对收费的豪华版在功能上受限,但是对于开发游戏后台绰绰有余。

6.1.3 安装 Gradle

Gradle 是目前最先进的 Java 项目构建工具。关于 Gradle 的详细论述,可以阅读《实战 Gradle》。本书使用的 Grade 版本是 4.10.3。按照笔者的习惯,会将 Gradle 解压到 E:\SDK\Gradle\gradle-4.10.3 里。读者也可以按自己的喜好将 Gradle 放置到对应的文件夹里。

将环境变量 GRADLE_HOME 设置为读者的 Gradle 安装位置(笔者将 Gradle 放在了 E:\SDK\Gradle\gradle-4.10.3)。

⊖ IDE 的全称是 Integrated Development Environment,直译为集成开发环境。

然后将%GRADLE_HOME%\bin 添加到用户变量的 Path 项里。

打开命令提示符窗口，输入以下命令：

gradle –version

如果有类似如下的输出，则表示 Gradle 安装成功：

```
---------------------------------------------------------
Gradle 4.10.3
---------------------------------------------------------

Build time:   2018-12-05 00:50:54 UTC
Revision:     e76905e3a1034e6f724566aeb985621347ff43bc

Kotlin DSL:   1.0-rc-6
Kotlin:       1.2.61
Groovy:       2.4.15
Ant:          Apache Ant(TM) version 1.9.11 compiled on March 23 2018
JVM:          1.8.0_221 (Oracle Corporation 25.221-b11)
OS:           Windows 10 10.0 amd64
```

6.2　第一个 Netty 应用程序

本节将创建一套简单的 Netty 应用程序，其中包括两个项目——一个服务器项目 EchoServer 和一个客户端项目 EchoClient。这两个项目的目的是为了让读者尽快了解到 Netty 的基本使用方法，其中所涉及的知识点以及更多的内容，将会在随后的章节里进行详细的讲解。

6.2.1　创建 EchoServer

本节将创建服务器端 EchoServer 项目。它的功能很简单，就是返回客户端发来的消息。

打开 IDEA，执行菜单命令：File->New->Project，会出现如下的对话框，如图 6-1 所示：

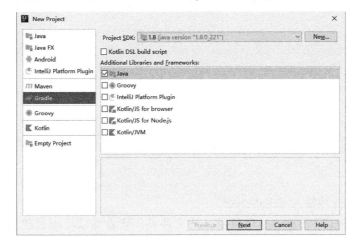

图 6-1　新建项目对话框

选择 Gradle->Java，然后单击 Next 按钮。会出现如下的对话框，如图 6-2 所示：

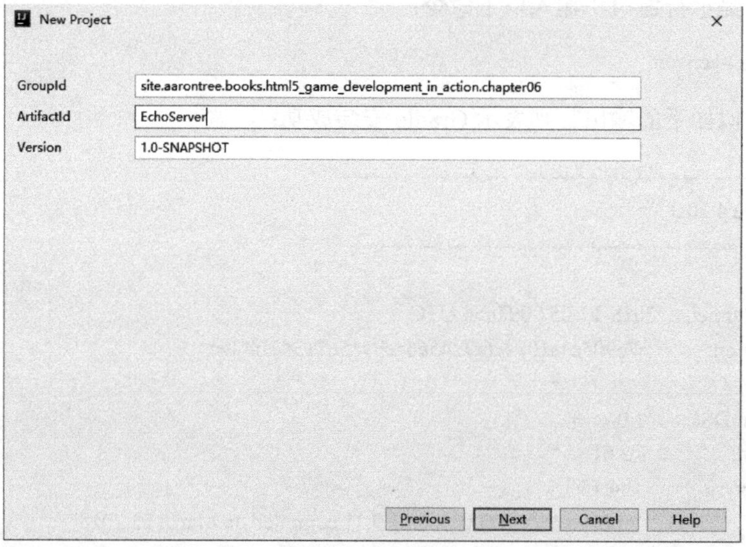

GroupId	site.aarontree.books.html5_game_development_in_action.chapter06
ArtifactId	EchoServer
Version	1.0-SNAPSHOT

图 6-2　项目属性设置

在 GroupId 项输入：site.aarontree.books.html5_game_development_in_action.chapter06，它是一个包名。

在 ArtifactId 项输入 EchoServer。

然后单击 "Next" 按钮。会出现如下的对话框，如图 6-3 所示：

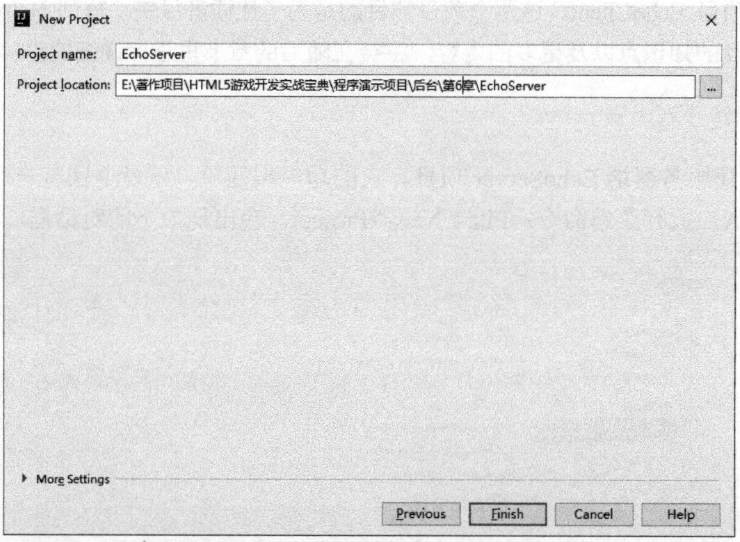

Project name:	EchoServer
Project location:	E:\著作项目\HTML5游戏开发实战宝典\程序演示项目\后台\第6章\EchoServer

图 6-3　完成项目创建

在 Project name 项输入 EchoServer。

Project location 项表示的是项目所在的文件夹，读者可以将项目放到自己喜欢的文件夹里。

　　然后单击"Finish"按钮。这样就创建了一个 Gradle 项目。然后稍等片刻，IDEA 会自动创建 Gradle 项目的基本目录结构。

　　接下来给 IDEA 指定 Gradle：执行 IDEA 的菜单命令：File->Settings，弹出如下对话框，如图 6-4 所示：

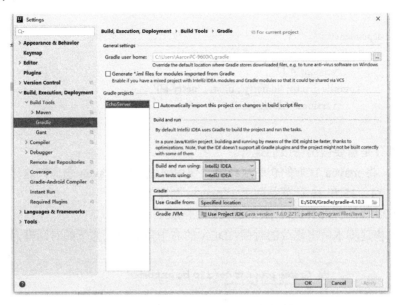

图 6-4　指定 Grade

　　选择 Build, Execution, Deployment->Build Tools->Gradle 项，然后按照上图的指示做出修改。

　　其中 Build and run using 和 Run tests using 项要改为 IDEA 的方式，否则在运行时，控制台里的中文将无法正常显示。

　　其中 Use Gradle from 项的值改为 Specified location，目的是告诉 IDEA 使用本地文件夹内的 Gradle，并指出其路径。

　　单击"OK"按钮关闭对话框。

　　接下来修改 Gradle 的构建脚本 build.gradle，从而引入 Netty 库：

```
1    plugins {
2        id 'java'
3    }
4
5    group
6        'site.aarontree.books.html5_game_development_in_action
7        .chapter06'
8    version '1.0-SNAPSHOT'
9
10   sourceCompatibility = 1.8
11
12   repositories {
```

```
13          // mavenCentral()
14          maven
15              {url('http://maven.aliyun.com/nexus/content/groups/
16              public/')}
17      }
18
19   dependencies {
20       testCompile group: 'junit', name: 'junit',
21           version: '4.12'
22       compile group: 'io.netty', name: 'netty-all',
23           version: '4.1.41.Final'
24   }
```

黑体的部分是需要做出修改的地方。

第 13 行，将 maven 官方的仓库注释掉，使用阿里云的 maven 仓库，这样下载库的速度会快很多。第 14、15 和 16 行就是阿里云 maven 仓库的地址。

第 22 和 23 行，引入 Netty，版本是 4.1.41.Final。

当读者对构建脚本做出修改的时候，IDEA 的右下角会出现如下的对话框，如图 6-5 所示：

图 6-5　修改构建脚本

单击 Import Changes，IDEA 就会引入构建脚本里指定的 Netty 库了。

接下来开始编写代码：

创建根包：site.aarontree.books.html5_game_development_in_action.chapter06.echo_server

具体做法是在 IDEA 右侧的项目视图里，路径 src/main/java 上单击右键，在弹出的上下文菜单里执行 New->Package，在弹出的对话框里输入包名。

在根包内创建一个称为 EchoServerHandler 的类文件，做法是右键单击根包，在上下文菜单里执行 New->Java Class，然后在弹出的对话框里输入类名。

编写 EchoServerHandler.java 里的代码：

```
1    package
2        site.aarontree.books.html5_game_development_in_action
3        .chapter06.echo_server;
4
5    import io.netty.buffer.ByteBuf;
6    import io.netty.channel.ChannelHandlerContext;
7    import io.netty.channel.ChannelInboundHandlerAdapter;
8
9    public class EchoServerHandler extends
10       ChannelInboundHandlerAdapter {
11       @Override
```

```
12        public void channelActive(ChannelHandlerContext ctx)
13        throws Exception {
14            System.out.println("建立了一个连接");
15        }
16
17        @Override
18        public void channelRead(ChannelHandlerContext context,
19        Object message) {
20            ByteBuf in = (ByteBuf)message;
21            context.writeAndFlush(in);
22        }
23
24        @Override
25        public void exceptionCaught(ChannelHandlerContext ctx,
26        Throwable cause) throws Exception {
27            cause.printStackTrace();
28            ctx.close();
29        }
30    }
```

然后创建 EchoServer.java 文件：

```
1     package
2         site.aarontree.books.html5_game_development_in_action
3         .chapter06.echo_server;
4
5     import io.netty.bootstrap.ServerBootstrap;
6     import io.netty.channel.ChannelFuture;
7     import io.netty.channel.ChannelInitializer;
8     import io.netty.channel.EventLoopGroup;
9     import io.netty.channel.nio.NioEventLoopGroup;
10    import io.netty.channel.socket.SocketChannel;
11    import io.netty.channel.socket.nio.NioServerSocketChannel;
12
13    import java.net.InetSocketAddress;
14
15    public class EchoServer {
16        public static void main(String[] args) throws Exception {
17            new EchoServer().start();
18        }
19
20        private void start() throws Exception {
21            int port = 1984;
22            EchoServerHandler handler = new EchoServerHandler();
23            EventLoopGroup group = new NioEventLoopGroup();
24            try {
25                ServerBootstrap bootstrap = new ServerBootstrap();
```

```
26              bootstrap.group(group)
27                      .channel(NioServerSocketChannel.class)
28                      .localAddress((new InetSocketAddress(port)))
29                      .childHandler(
30                      new ChannelInitializer<SocketChannel>() {
31                          @Override
32                          protected void initChannel(
33              SocketChannel ch) throws Exception {
34                              ch.pipeline().addLast(handler);
35                          }
36                      });
37              ChannelFuture future = bootstrap.bind().sync();
38              future.channel().closeFuture().sync();
39          } finally {
40              group.shutdownGracefully();
41          }
42      }
43  }
```

在 IDEA 右侧的项目视图里右键单击 EchoServer，在弹出的上下文菜单里执行 Run 'EchoServer.main()'，这样服务器程序就运行起来了，等待客户端的连接。

先讲解第一个代码清单——EchoServerHandler.java。

第 9 行，EchoServerHandler 类继承了 ChannelInboundHandlerAdapter 类。以下是 ChannelInboundHandlerAdapter 的类继承图，如图 6-6 所示：

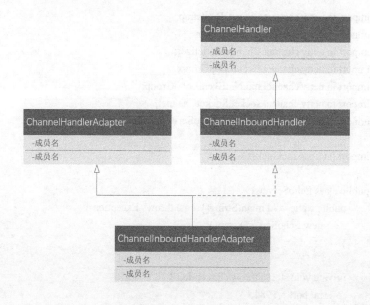

图 6-6   ChannelInboundHandlerAdapter 的类继承图

可以看出来 ChannelInboundHandlerAdapter 最终实现了 ChannelHandler 接口。Netty 将网络底层功能和业务逻辑相分离，那么 Netty 必须为业务逻辑代码提供接口，从而驱动业务逻辑的运转。ChannelHandler 就是业务逻辑代码需要实现的接口。

通道（Channel）表示一个到有 IO（输入输出）功能的实体的连接（比如硬件设备、文件、网络套接字等），在 Netty 里指的就是网络连接。ChannelHandler 就放在 Channel 的管线（pipeline）里。一个 Channel 会有多个 ChannelHandler，数据会在 pipeline 里游走，也就经过了这些 ChannelHandler。上层的 ChannelHandler 将传递进来的数据进行加工，然后将加工之后的结果传给下一个 ChannelHandler。这种设计使用了管道和过滤器架构模式[○]。

ChannelInboundHandlerAdapter 直接实现了 ChannelInboundHandler 接口，这个接口表示进站的 ChannelHandler。如果有进站，就肯定有出站。所以 ChannelHandler 又分成两类：进站（Inbound）和出站（Outbound）。如图 6-7 所示：

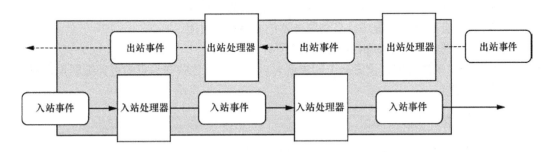

图 6-7　流经 ChannelHandler 链的入站事件和出站事件

进站和出站描述了数据的流动方向，从外部进来的数据，就称为进站，反之为出站。所以对于客户端来说，请求就是出站，响应和推送就是进站；对于后台，请求就是进站，响应和推送就是出站。

ChannelInboundHandlerAdapter 是 Netty 自带的一个 ChannelHandler 的具体的实现。和所有的框架一样，Netty 会对这个具体类的某些方法进行回调。

EchoServerHandler 重写了 ChannelInboundHandlerAdapter 的三个方法，这些方法会在对应的事件里进行回调：

- channelActive：当建立连接的时候会回调该方法。
- channelRead：当有进站数据的时候会回调该方法。
- exceptionCaught：当有异常发生的时候会回调该方法。

第 21 行，将消息发送给客户端。

接下来讲解第二个代码清单——EchoServer.java。

第 21 行，定义了服务器将要绑定的端口号。

第 22 行，创建了实现了 ChannelHandler 接口的业务逻辑代码——EchoServerHandler 类的对象。

第 23 行，创建了一个 EventLoopGroup 类的对象。Netty 是基于事件驱动的，当创建连接时，会为每个 Channel 分配一个 EventLoop，用来处理所有的事件，而且这些事件会派发给 ChannelHandler。

第 25 行，ServerBootstrap 是 Netty 服务器端的引导类，随后将会使用该类的对象去配置

○ 参见《面向模式的软件架构卷 1 模式系统》中文版第 34 页。

服务器功能。

第 26 行，指定 Netty 程序中 EventLoopGroup 的实现方式。

第 27 行，指定 Netty 程序中 Channel 的具体实现方式。

第 28 行，通过 localAddress 方法来指定将要绑定的端口号。

第 29 行到第 36 行，通过实现一个具体的 ChannelInitializer 类的对象，将 ChannelHandler 附加到 Channel 的 pipeline 上，从而处理业务逻辑。当建立一个新的连接的时候，会创建一个 Channel，然后 ChannelInitializer 会把 EchoServerHandler 的实例添加到该 Channel 的 pipeline 里。

第 37 行，开始绑定端口，引导的 bind 方法是异步的，sync 方法让 bind 变成阻塞的，直到绑定完成。返回的 ChannelFuture 类对象用来控制异步操作。

第 38 行，会阻塞应用程序，直到服务器的 Channel 关闭。

第 40 行，关闭 EventLoopGroup，释放所有的资源。

这些只是简单的讲解，读者有个印象就可以了。关于这些知识点的更详细解说，将会在后面的章节里进行。

6.2.2　创建 EchoClient

本节将创建客户端 EchoClient 项目。它的功能很简单，就是启动后向 EchoServer 发送一条消息，并接受 EchoServer 返回的消息。

和 EchoServer 项目类似，创建一个称为 EchoClient 的项目。Gradle 的指定和构建脚本的修改跟 EchoServer 都是一样的。然后创建根包：

site.aarontree.books.html5_game_development_in_action.chapter06.echo_client。接着在根包内创建 EchoClientHandler.java：

```
1    package
2        site.aarontree.books.html5_game_development_in_action
3        .chapter06.echo_client;
4
5    import io.netty.buffer.ByteBuf;
6    import io.netty.buffer.Unpooled;
7    import io.netty.channel.ChannelHandlerContext;
8    import io.netty.channel.SimpleChannelInboundHandler;
9    import io.netty.util.CharsetUtil;
10
11   public class EchoClientHandler extends
12   SimpleChannelInboundHandler<ByteBuf> {
13       @Override
14       public void channelActive(ChannelHandlerContext ctx)
15       throws Exception {
16           String message = "客户端已连接";
17           System.out.println("向服务器发送消息：" + message);
18           ctx.writeAndFlush(Unpooled.copiedBuffer(message,
19               CharsetUtil.UTF_8));
20       }
```

```
21
22        @Override
23        protected void channelRead0(ChannelHandlerContext ctx,
24        ByteBuf msg) throws Exception {
25            System.out.println("从服务器收到消息："
26                + msg.toString(CharsetUtil.UTF_8));
27        }
28
29        @Override
30        public void exceptionCaught(ChannelHandlerContext ctx,
31        Throwable cause) throws Exception {
32            cause.printStackTrace();
33            ctx.close();
34        }
35    }
```

创建 EchoClient.java：

```
1     package
2         site.aarontree.books.html5_game_development_in_action
3         .chapter06.echo_client;
4
5     import io.netty.bootstrap.Bootstrap;
6     import io.netty.channel.ChannelFuture;
7     import io.netty.channel.ChannelInitializer;
8     import io.netty.channel.EventLoopGroup;
9     import io.netty.channel.nio.NioEventLoopGroup;
10    import io.netty.channel.socket.SocketChannel;
11    import io.netty.channel.socket.nio.NioSocketChannel;
12
13    import java.net.InetSocketAddress;
14
15    public class EchoClient {
16        public static void main(String[] args)
17        throws Exception {
18            new EchoClient().start();
19        }
20
21        private void start() throws Exception {
22            String host = "localhost";
23            int port = 1984;
24            EventLoopGroup group = new NioEventLoopGroup();
25            try {
26                Bootstrap bootstrap = new Bootstrap();
27                bootstrap.group(group)
28                    .channel(NioSocketChannel.class)
29                    .remoteAddress(new InetSocketAddress(host, port))
```

```
30                        .handler(
31                            new ChannelInitializer<SocketChannel>() {
32                                @Override
33                                protected void initChannel(SocketChannel ch) throws Exception {
34                                    ch.pipeline().addLast(new EchoClientHandler());
35                                }
36                            });
37                        ChannelFuture future = bootstrap.connect().sync();
38                        future.channel().closeFuture().sync();
39                    } finally {
40                        group.shutdownGracefully();
41                    }
42                }
43            }
```

在 IDEA 右侧的项目视图里，右键单击 EchoClient，从上下文菜单里执行 Run 'EchoClient.main()'。这样 EchoClient 就和 EchoServer 连接起来了，而且向 EchoServer 发送了一条消息。

以下是 EchoServer 在 IDEA 的控制台里的输出，如图 6-8 所示：

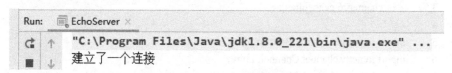

图 6-8　EchoServer 输出

以下是 EchoClient 在 IDEA 的控制台里的输出，如图 6-9 所示：

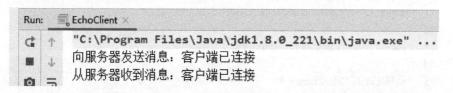

图 6-9　EchoClient 输出

从结构上来看，客户端的代码和后台的代码非常类似，这里重点讲解一下不同的地方：

在 EchoClient.java 中的第 22 行和 23 行，分别是将要连接到的后台的地址和端口。

第 26 行，引导类使用的是 Bootstrap，而后台用的是 ServerBootstrap。

第 29 行，通过 remoteAddress 方法来指定远程服务器的地址和端口，而后台用的是 localAddress 方法来指定绑定的端口号。

接下来简单介绍一下 Netty 里的几个主要的组件。

6.3　Channel

从本小节开始介绍 Netty 中比较重要的四个组件——Channel、ByteBuf、ChannelPipeline

和 ChannelHandler。它们的关系如图 6-10 所示：

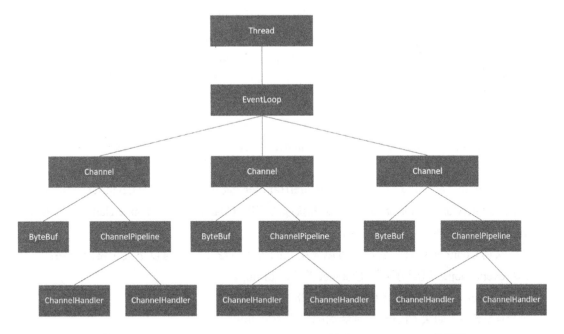

图 6-10　Channel、ByteBuf、ChannelHandler 以及 ChannelPipeline 的关系

一个 EventLoop 是由一个 Thread 驱动的；一个 EventLoop 服务于多个 Channel；每个 Channel 表示一个连接；ByteBuf 存储了 Channel 里携带的数据；每个 Channel 都有一个 ChannelPipeline；每个 ChannelPipeline 会有多个 ChannelHandler，而且 ByteBuf 里携带的数据，会传递给 ChannelHandler 的回调方法。

首先从 Channel 开始讲起。

从前面的小节里读者可以了解到，Netty 中的 Channel 表示一个网络连接。在创建 Netty 项目的时候，需要通过 Bootstrap 来指定 Channel 的具体实现，以及对应的 EventLoopGroup 的具体实现。Netty 自身就提供了 5 种具体的 Channel 实现：NioSocketChannel（服务器端是 NioServerSocketChannel）、EpollSocketChannel（服务器端是 EpollServerSocketChannel）、OioSocketChannel（服务器端是 OioServerSocketChannel）、LocalChannel 以及 EmbeddedChannel。

NIO 表示非阻塞 I/O[⊖]，Java 自 JDK 1.4 就提供了 NIO 功能。那么 NioSocketChannel 和 NioServerSocketChannel 就是两个使用了这个功能的 Channel。它们对应的 EventLoopGroup 实现是 NioEventLoopGroup。

epoll 是 Linux 内核为处理大批量文件描述符而做了改进的 poll，是 Linux 下多路复用 IO 接口 select/poll 的增强版本，它能显著提高程序在大量并发连接中只有少量活跃连接的情况下的系统 CPU 利用率。

EpollSocketChannel 和 EpollServerSocketChannel 的具体实现就使用了 epoll。但是要注意，

⊖ NIO 最初是新的输入/输出（New I/O）的英文缩写，但是 NIO 已经出现足够长的时间了，已经不再是新的了，所以大多数开发者认为 NIO 代表非阻塞 I/O（Non-blocking I/O）。

这两个 Channel 只能在 Linux 系统下使用。在高负载的情况下，epoll 比 JDK NIO 的性能还要好。它们对应的 EventLoopGroup 实现是 EpollEventLoopGroup。

OIO 表示阻塞 I/O[⊖]，OioSocketChannel 和 OioServerSocketChannel 就是通过这种 IO 实现的。由于它是阻塞的，所以它不是异步的。但是 Netty 是一个异步框架，那该种阻塞 Channel 是怎么实现统一的异步操作的呢？答案就是超时处理，Netty 会为 I/O 操作提供一个时间限制，如果超时，则会抛出一个 SocketTimeoutException，Netty 将捕获这个异常并继续处理循环。

就像它的名字所表示的那样，LocalChannel 让同在一个 JVM 里运行的客户端和服务器端之间实现异步通信。

EmbeddedChannel 是用来给 ChannelHandler 做单元测试的 Channel。可以通过 ChannelHandlerContext 的 channel 方法来获取对应的 Channel，而 ChannelHandlerContext 是 ChannelHandler 回调方法的参数类型。

获取到 Channel 对象之后，就可以调用它的公有方法了。它有以下几个常用方法：

- eventLoop：返回分配给 Channel 的 EventLoop。
- pipeline：返回分配给 Channel 的 ChannelPipeline。
- isActive：如果 Channel 是活动的，则返回 true。
- localAddress：返回本地的 SokcetAddress。
- remoteAddress：返回远程的 SocketAddress。
- write：将数据写到远程节点。这个数据将被传递给 ChannelPipeline，并且排队直到它被冲刷。
- flush：将之前已写的数据冲刷到底层传输，如一个 Socket。
- writeAndFlush：一个简便的方法，等同于调用 write()并接着调用 flush()。

6.4　ByteBuf

ByteBuf 类是 Netty 数据的容器。第一个接收数据的 ChannelHandler 处理的就是这个类型的对象。

6.4.1　ByteBuf 的模式

ByteBuf 有两个索引：一个用于读取的 readerIndex，一个用于写入的 writerIndex。当从 ByteBuf 读取的时候，readerIndex 会递增，当写入 ByteBuf 的时候，writerIndex 也会递增。它们的起始值都是 0。

当 readerIndex 和 writerIndex 的值一样的时候，数据就无法读取了，如果这时尝试读取数据，则会触发一个 IndexOutOfBoundsException 异常。

ByteBuf 的具体类对象是通过某些静态工厂方法创建的，这个在后面的小节里会讲到。这些具体类在模式上有所不同。ByteBuf 主要有两种模式：堆缓冲和直接缓冲。

⊖ OIO 是旧输入/输出（Old Input/Output）的英文缩写，实际就是 Java 早期的阻塞 I/O。

（1）堆缓冲区

在该模式下，ByteBuf 将数据存放在 JVM 的堆空间中，所以这种模式不用手动释放内存，它持有的字节数组称为支撑数组。使用方法如下代码所示：

```
ByteBuf buf = …; // 初始化 ByteBuf 对象
if(buf.hasArray()) { // 检查是否有一个支撑数组
    byte[] array = buf.array();
    int offset = buf.arrayOffset() + buf.readerIndex();
    int length = buf.readableBytes();
    … // 使用数组
}
```

如果 hasArray 方法返回 false，尝试访问支撑数组将触发一个 UnsupportedOperationException 异常。

（2）直接缓冲区

在该模式下，ByteBuf 是通过本地调用来分配内存的，所以需要手动释放内存。直接缓冲类型是网络数据传输的理想选择。使用方法如下代码所示：

```
ByteBuf buf = …;
if(!buf.hasArray()) { // 如果没有支撑数组，则是一个直接缓冲区
    int length = buf.readableBytes();
    byte[] array = new byte[length];
    buf.getBytes(buf.readerIndex(), array);
    … // 使用数组
}
```

直接缓冲模式的 ByteBuf 是通过引用计数来管理内存的。引用计数从 1 开始，当有新的引用出现，引用计数就会增 1，当引用的数量减少到 0 时，该实例就会被释放。以下是示例代码：

```
ByteBuf buffer = …;
if(!buffer.hasArray()) { // 如果没有支撑数组，则是一个直接缓冲区
    ByteBuf buf = buffer.retain(); // 增加引用计数
    System.out.println(buf.refCnt()); // 打印引用计数的值
    boolean released = buf.release(); // 释放一次，减少引用计数的值，如果该对象被释放，则返回 true。
}
```

6.4.2　读写操作

ByteBuf 有两种类别的读写操作：

- get 和 set 操作，从给定的索引开始，并且保持索引不变。
- read 和 write 操作，从给定的索引开始，并且会根据已经访问过的字节数对索引进行调整。

表 6-1 是常用的 get 和 set 操作。

表 6-1　常用的 get 和 set 操作[⊖]

方法名称	描　　述
getBoolean(int)	返回给定索引处的 Boolean 值
getByte(int)	返回给定索引处的字节
getUnsignedByte(int)	将给定索引处的无符号字节值作为 short 返回
getMedium(int)	返回给定索引处的 24 位中等 int 值
getUnsignedMedium(int)	返回给定索引处的无符号的 24 位中等 int 值
getInt(int)	返回给定索引处的 int 值
getUnsignedInt(int)	将给定索引处的无符号 int 值作为 long 返回
getLong(int)	返回给定索引处的 long 值
getShort(int)	返回给定索引处的 short 值
getUnsignedShort(int)	将给定索引处的无符号 short 值作为 int 返回
getBytes(int, ...)	将该缓冲区中从给定索引开始的数据传送到指定的目的地
setBoolean(int, boolean)	设定给定索引处的 Boolean 值
setByte(int index, int value)	设定给定索引处的字节值
setMedium(int index, int value)	设定给定索引处的 24 位中等 int 值
setInt(int index, int value)	设定给定索引处的 int 值
setLong(int index, long value)	设定给定索引处的 long 值
setShort(int index, int value)	设定给定索引处的 short 值

表 6-2 是常用的 read 和 write 操作。

表 6-2　常用的 read 和 write 操作

方法名称	描　　述
readBoolean()	返回当前 readerIndex 处的 Boolean，并将 readerIndex 增加 1
readByte()	返回当前 readerIndex 处的字节，并将 readerIndex 增加 1
readUnsignedByte()	将当前 readerIndex 处的无符号字节值作为 short 返回，并将 readerIndex 增加 1
readMedium()	返回当前 readerIndex 处的 24 位中等 int 值，并将 readerIndex 增加 3
readUnsignedMedium()	返回当前 readerIndex 处的 24 位无符号的中等 int 值，并将 readerIndex 增加 3
readInt()	返回当前 readerIndex 的 int 值，并将 readerIndex 增加 4
readUnsignedInt()	将当前 readerIndex 处的无符号的 int 值作为 long 值返回，并将 readerIndex 增加 4
readLong()	返回当前 readerIndex 处的 long 值，并将 readerIndex 增加 8
readShort()	返回当前 readerIndex 处的 short 值，并将 readerIndex 增加 2
readUnsignedShort()	将当前 readerIndex 处的无符号 short 值作为 int 值返回，并将 readerIndex 增加 2
readBytes(ByteBuf |byte[] destination, int dstIndex [,int length])	将当前 ByteBuf 中从当前 readerIndex 处开始的（如果设置了 length 长度的字节）数据传送到一个目标 ByteBuf 或者 byte[]，从目标的 dstIndex 开始的位置。本地的 readerIndex 将被增加已经传输的字节数
writeBoolean(boolean)	在当前 writerIndex 处写入一个 Boolean，并将 writerIndex 增加 1
writeByte(int)	在当前 writerIndex 处写入一个字节值，并将 writerIndex 增加 1

⊖ 该表以及随后的表都引自《Netty 实战》。

（续）

方法名称	描　述
writeMedium(int)	在当前 writerIndex 处写入一个中等的 int 值，并将 writerIndex 增加 3
writeInt(int)	在当前 writerIndex 处写入一个 int 值，并将 writerIndex 增加 4
writeLong(long)	在当前 writerIndex 处写入一个 long 值，并将 writerIndex 增加 8
writeShort(int)	在当前 writerIndex 处写入一个 short 值，并将 writerIndex 增加 2
writeBytes(source ByteBuf |byte[],int srcIndex,int length])	从当前 writerIndex 开始，传输来自于指定源（ByteBuf 或者 byte[]）的数据。如果提供了 srcIndex 和 length，则从 srcIndex 开始读取，并且处理长度为 length 的字节。当前 writerIndex 将会被增加所写入的字节数

表 6-3 是 ByteBuf 其他常用的操作。

表 6-3　其他常用的操作

方法名称	描　述
isReadable()	如果至少有一个字节可供读取，则返回 true
isWritable()	如果至少有一个字节可被写入，则返回 true
readableBytes()	返回可被读取的字节数
writableBytes()	返回可被写入的字节数
capacity()	返回 ByteBuf 可容纳的字节数。在此之后，它会尝试再次扩展直到达到 maxCapacity()
maxCapacity()	返回 ByteBuf 可以容纳的最大字节数
hasArray()	如果 ByteBuf 由一个字节数组支撑，则返回 true
array()	如果 ByteBuf 由一个字节数组支撑则返回该数组；否则，它将抛出一个 UnsupportedOperationException 异常

6.4.3　生成 ByteBuf 实例

ByteBuf 实例对象是通过工厂方法创建的，这个工厂类就是 Unpooled，它提供了静态的辅助方法来创建未池化的 ByteBuf 实例。表 6-4 列举了几个常用的方法：

表 6-4　Unpooled 的常用方法

方法名称	描　述
buffer() buffer(int initialCapacity) buffer(int initialCapacity, int maxCapacity)	返回一个未池化的基于堆内存存储的 ByteBuf
directBuffer() directBuffer(int initialCapacity) directBuffer(int initialCapacity, int maxCapacity)	返回一个未池化的基于直接内存存储的 ByteBuf
wrappedBuffer()	返回一个包装了给定数据的 ByteBuf
copiedBuffer()	返回一个复制了给定数据的 ByteBuf

以下是 Unpooled 的代码示例：

```
Charset utf8 = Charset.forName("UTF-8");
ByteBuf buf = Unpooled.copiedBuffer("Hello world!", utf8);
System.out.println((char)buf.readByte());
```

在 6.2.1 节已经介绍过，在 ChannelPipeline 中将 ChannelHandler 串联起来去处理业务逻辑。在本节，将会向读者更详细地介绍 ChannelHandler 和 ChannelPipeline，以及一个起到重要作用的接口——ChannelHandlerContext。

6.5.1　ChannelHandler

ChannelHandler 带有与自身生命周期有关的方法，开发者通过覆盖这些方法就可以在对应的生命周期里执行具体的操作。以下是 ChannelHandler 的生命周期方法，如表 6-5 所示：

表 6-5　ChannelHandler 的生命周期方法

方法名称	描　　述
handlerAdded	当把 ChannelHandler 添加到 ChannelPipeline 中时被调用
handlerRemoved	当从 ChannelPipeline 中移除 ChannelHandler 时被调用
exceptionCaught	当处理过程中在 ChannelPipeline 中有错误产生时被调用

ChannelHandler 有两个子接口：

- ChannelInboundHandler：处理入站数据以及各种状态变化。
- ChannelOutboundHandler：处理出站数据并且允许拦截所有的操作。

这两类接口在生命周期方面有明显的不同。接下来就分别介绍它们的生命周期方法。

表 6-6 是 ChannelInboundHandler 的生命周期方法：

表 6-6　ChannelInboundHandler 的生命周期方法

方法名称	描　　述
channelRegistered	当 Channel 已经注册到它的 EventLoop 并且能够处理 I/O 时被调用
channelUnregistered	当 Channel 从它的 EventLoop 注销并且无法处理任何 I/O 时被调用
channelActive	当 Channel 处于活动状态时被调用；Channel 已经连接/绑定并且已经就绪
channelInactive	当 Channel 离开活动状态并且不再连接它的远程节点时被调用
channelReadComplete	当 Channel 上的一个读操作完成时被调用
channelRead	当从 Channel 读取数据时被调用
userEventTriggered	当调用 ChannelInboundHandler.fireUserEventTriggered()方法时被调用，因为一个 POJO 经过了 ChannelPipeline

表 6-7 是 ChannelOutboundHandler 的生命周期方法：

表 6-7　ChannelOutboundHandler 的生命周期方法

方法名称	描　　述
bind(ChannelHandlerContext, SocketAddress,ChannelPromise)	当请求将 Channel 绑定到本地地址时被调用
connect(ChannelHandlerContext, SocketAddress,SocketAddress,ChannelPromise)	当请求将 Channel 连接到远程节点时被调用
disconnect(ChannelHandlerContext, ChannelPromise)	当请求将 Channel 从远程节点断开时被调用

（续）

方法名称	描　述
close(ChannelHandlerContext,ChannelPromise)	当请求关闭 Channel 时被调用
deregister(ChannelHandlerContext, ChannelPromise)	当请求将 Channel 从它的 EventLoop 注销时被调用
read(ChannelHandlerContext)	当请求从 Channel 读取更多的数据时被调用
flush(ChannelHandlerContext)	当请求通过 Channel 将入队数据冲刷到远程节点时被调用
write(ChannelHandlerContext,Object, ChannelPromise)	当请求通过 Channel 将数据写到远程节点时被调用

开发者可以继承 Netty 自带的 ChannelHandler 适配器去实现自己的 ChannelHandler，其中包括两个适配器：ChannelInboundHandlerAdapter 和 ChannelOutboundHandlerAdapter。这两个类已经具备了进站和出站 ChannelHandler 的基本功能。它们的继承关系如图 6-11 所示：

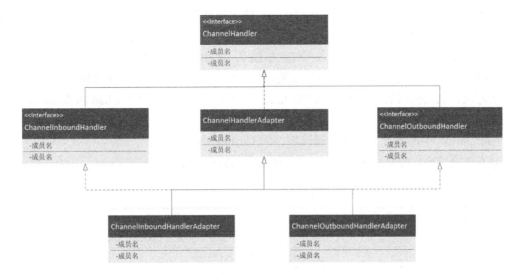

图 6-11　ChannelHandler 适配器的继承关系

6.5.2　ChannelPipeline

每个 Channel 都会被分配一个 ChannelPipeline，然后将 ChannelHandler 添加到 ChannelPipeline 中，从而将 ChannelHandler 串联起来。图 6-12 显示了 ChannelPipeline 和 ChannelHandler 的关系：

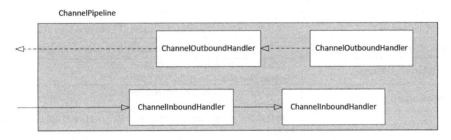

图 6-12　ChannelPipeline 和 ChannelHandler 的关系

表 6-8 是 ChannelPipeline 用来修改 ChannelHandler 布局的方法：

表 6-8　修改 ChannelHandler 布局的方法

方法名称	描　　述
addFirst addBefore addAfter addLast	将一个 ChannelHandler 添加到 ChannelPipeline 中
Remove	将一个 ChannelHandler 从 ChannelPipeline 中移除
Replace	将 ChannelPipeline 中的一个 ChannelHandler 替换为另一个 ChannelHandler

6.5.3　ChannelHandlerContext

当向 ChannelPipeline 添加一个 ChannelHandler，就会为这个 ChannelHandler 分配一个 ChannelHandlerContext。ChannelHandlerContext 的主要功能是管理它所关联的 ChannelHandler 和在同一个 ChannelPipeline 中的其他 ChannelHandler 之间的交互关系。

ChannelHandlerContext 有很多管理方法，其中一些方法也存在于 Channel 和 ChannelPipeline 本身上，但是有一点重要的不同。如果调用 Channel 或者 ChannelPipeline 上的这些方法，它们将沿着整个 ChannelPipeline 进行传播。而调用位于 ChannelHandlerContext 上的相同方法，则将从当前所关联的 ChannelHandler 开始，并且只会传播给位于该 ChannelPipeline 中的下一个能够处理该事件的 ChannelHandler。

表 6-9 是 ChannelHandlerContext 的几种主要的管理方法：

表 6-9　ChannelHandlerContext 的几种主要的管理方法

方法名称	描　　述
Bind	绑定到给定的 SocketAddress，并返回 ChannelFuture
Channel	返回绑定到这个实例的 Channel
Close	关闭 Channel，并返回 ChannelFuture
Connect	连接给定的 SocketAddress，并返回 ChannelFuture
Deregister	从之前分配的 EventExecutor 注销，并返回 ChannelFuture
Executor	返回调度事件的 EventExecutor
fireChannelActive	触发对下一个 ChannelInboundHandler 上的 channelActive()方法（已连接）的调用
fireChannelInactive	触发对下一个 ChannelInboundHandler 上的 channelInactive()方法（已关闭）的调用
fireChannelRead	触发对下一个 ChannelInboundHandler 上的 channelRead()方法（已接收的消息）的调用
fireChannelReadComplete	触发对下一个 ChannelInboundHandler 上的 channelReadComplete()方法的调用
fireChannelRegistered	触发对下一个 ChannelInboundHandler 上的 channelRegistered()方法的调用
fireChannelUnregistered	触发对下一个 ChannelInboundHandler 上的 channelUnregistered()方法的调用
fireChannelWritabilityChanged	触发对下一个 ChannelInboundHandler 上的 channelWritabilityChanged()方法的调用
fireExceptionCaught	触发对下一个 ChannelInboundHandler 上的 exceptionCaught(Throwable)方法的调用
fireUserEventTriggered	触发对下一个 ChannelInboundHandler 上的 userEventTriggered(Object evt)方法的调用
Handler	返回绑定到这个实例的 ChannelHandler

（续）

方法名称	描　述
isRemoved	如果所关联的 ChannelHandler 已经被从 ChannelPipeline 中移除则返回 true
Name	返回这个实例的唯一名称
Pipeline	返回这个实例所关联的 ChannelPipeline
Read	将数据从 Channel 读取到第一个入站缓冲区；如果读取成功则触发一个 channelRead 事件，并（在最后一个消息被读取完成后）通知 ChannelInboundHandler 的 channelReadComplete(ChannelHandlerContext)方法
Write	通过这个实例写入消息并经过 ChannelPipeline
writeAndFlush	通过这个实例写入并冲刷消息并经过 ChannelPipeline

6.5.4　异常处理

如果在处理入站事件的过程中有异常被抛出，那么它将从它在 ChannelInboundHandler 里被触发的位置开始流经 ChannelPipeline。要想处理这种类型的入站异常，开发者需要在自己的 ChannelInboundHandler 实现中重写下面的方法：

public void exceptionCaught(ChannelHandlerContext ctx, Throwable cause) throws Exception

其中第二个参数是产生的异常。

接下来介绍几个特殊的 ChannelHandler。

6.6　编解码器

对于网络应用程序，当有用字节序列表示的数据进入的时候，需要对其进行解析，然后转变为能够处理的对象，拥有这种转换逻辑的模块，称为解码器；当有数据需要发送的时候，需要将对象转变成用字节序列表示的数据，然后将这段数据发出，拥有这种转换逻辑的模块，称为编码器。因此，编码器处理出站数据，而解码器处理入站数据。

6.6.1　解码器

Netty 提供的解码器类称为 ByteToMessageDecoder，它继承于 ChannelInboundHandlerAdapter，它是一个抽象类，需要读者实现以下两个方法，如表 6-10 所示：

表 6-10　ByteToMessageDecoder 的子类需要实现的方法[⊖]

方法名称	描　述
decode(ChannelHandlerContext ctx, ByteBuf in, List<Object> out)	这是必须实现的唯一抽象方法。decode()方法被调用时将会传入一个包含了传入数据的 ByteBuf，以及一个用来添加解码消息的 List。对这个方法的调用将会重复进行，直到确定没有新的元素被添加到该 List，或者该 ByteBuf 中没有更多可读取的字节时为止。然后，如果该 List 不为空，那么它的内容将会被传递给 ChannelPipeline 中的下一个 ChannelInboundHandler
decodeLast(ChannelHandlerContext ctx, ByteBuf in, List<Object> out)	Netty 提供的这个默认实现只是简单地调用了 decode()方法。当 Channel 的状态变为非活动时，这个方法将会被调用一次。可以重写该方法以提供特殊的处理

⊖　该表以及随后的表都引自《Netty 实战》

以下是 ByteToMessageDecoder 的例子，如下代码所示：

```
1    public class ToIntegerDecoder extends ByteToMessageDecoder {
2        @Override
3        public void decode(ChannelHandlerContext ctx, ByteBuf in,
4            List<Object> out) throws Exception {
5            if (in.readableBytes() >= 4) {
6                out.add(in.readInt());
7            }
8        }
9    }
```

第 5 行检查传进来的数据的长度是否超过 4 个字节，因为要读取的 int 数值的数据长度是 4 个字节。

第 6 行从入站数据里读取一个 int 值，然后将其添加到 List 中。

Netty 还提供了一个将一个类型的对象向另一个类型转换的解码器——MessageToMessage-Decoder<I>。它也继承于 ChannelInboundHandlerAdapter，模板参数 I 是想要转换的对象的类型。表 6-11 是该类的子类需要实现的方法：

表 6-11　MessageToMessageDecoder<I>的子类需要实现的方法

方法名称	描　　述
decode(ChannelHandlerContext ctx, I msg, List<Object> out)	对于每个需要被解码为另一种格式的入站消息来说，该方法都将会被调用。解码消息随后会被传递给 ChannelPipeline 中的下一个 ChannelInboundHandler

6.6.2　编码器

Netty 提供的一个编码器称为 MessageToByteEncoder<I>，它的作用与 ByteToMessage-Decoder 相反。这个类也是一个抽象类，它继承于 ChannelOutboundHandler。表 6-12 是该类的子类需要实现的方法：

表 6-12　MessageToByteEncoder<I>的子类需要实现的方法

方法名称	描　　述
encode(ChannelHandlerContext ctx, I msg, ByteBuf out)	encode()方法是需要实现的唯一抽象方法。它被调用时将会传入要被该类编码为 ByteBuf 的（类型为 I 的）出站消息。该 ByteBuf 随后将会被转发给 ChannelPipeline 中的下一个 ChannelOutboundHandler

以下是该类的示例代码：

```
1    public class ShortToByteEncoder extends MessageToByteEncoder<Short> {
2        @Override
3        public void encode(ChannelHandlerContext ctx, Short msg, ByteBuf out)
4            throws Exception {
5            out.writeShort(msg);
6        }
7    }
```

与 MessageToMessageDecoder<I>对应，Netty 提供了一个不同类型对象之间转换的编码器——MessageToMessageEncoder<I>。表 6-13 是该类的子类需要实现的方法：

表 6-13　MessageToMessageEncoder<I>的子类需要实现的方法

方法名称	描　　述
encode(ChannelHandlerContext ctx, I msg, List<Object> out)	这是需要实现的唯一方法。每个通过 write()方法写入的消息都将会被传递给 encode()方法，以编码为一个或者多个出站消息。随后，这些出站消息将会被转发给 ChannelPipeline 中的下一个 ChannelOutboundHandler。

6.7　WebSocket 帧处理器

　　WebSocket 是 HTML5 开始提供的一种在单个 TCP 连接上进行全双工通信的协议。这就意味着服务器不仅可以响应客户端的请求，也可以将消息推送给客户端。

　　在从标准的 HTTP 或者 HTTPS 协议切换到 WebSocket 时，将会使用一种称为升级握手的机制。因此，使用 WebSocket 的应用程序将始终以 HTTP/S 作为开始，然后再执行升级。

　　本书的项目有这样的约定：如果请求的 URI 是/ws，那么将会把协议升级为 WebSocket，否则服务器将使用基本的 HTTP。在连接已经升级完成之后，所有数据都将会使用 WebSocket 进行传输。

6.7.1　实现 HTTP 连接

　　WebSocket 是以 HTTP 连接为基础的，所以首先要建立 HTTP 连接。以下代码是建立 HTTP 连接的 ChannelHandler 的代码：

```
1    public class HttpRequestHandler extends SimpleChannelInboundHandler<FullHttpRequest> {
2        private final String wsUri;
3
4        public HttpRequestHandler(String wsUri) {
5            this.wsUri = wsUri;
6        }
7        @Override
8        public void channelRead0(ChannelHandlerContext ctx,
9            FullHttpRequest request) throws Exception {
10           if(wsUri.equalsIgnoreCase(request.getUri())) {
11               ctx.fireChannelRead(request.retain());
12           }
13       }
14       @Override
15       public void exceptionCaught(ChannelHandlerContext ctx, Throwable cause)
16           throws Exception {
17           cause.printStackTrace();
18           ctx.close();
19       }
20   }
```

　　代码的第 4 行，需要指定升级为 WebSocket 的 URI——wsUri。

　　第 10 行，当请求的实际 URI 与 wsUri 一致的时候，会将请求的引用计数加一，然后将其传递给下一个 ChannelInboundHandler。下一个 ChannelInboundHandler 是 Netty 自带的一个

ChannelHandler，它会去处理 WebSocket 的升级握手。这将在随后的小节里介绍。

6.7.2 处理 WebSocket 帧

WebSocket 有 6 种帧，Netty 为它们提供了 POJO 实现。表 6-14 列出了这些帧类型：

表 6-14　WebSocket 6 种帧类型

帧 类 型	描　　述
BinaryWebSocketFrame	包含了二进制数据
TextWebSocketFrame	包含了文本数据
ContinuationWebSocketFrame	包含属于上一个 BinaryWebSocketFrame 或 TextWebSocketFrame 的文本数据或者二进制数据
CloseWebSocketFrame	表示一个 CLOSE 请求，包含一个关闭的状态码和关闭的原因
PingWebSocketFrame	请求传输一个 PongWebSocketFrame
PongWebSocketFrame	作为一个对于 PingWebSocketFrame 的响应被发送

以下是帧处理器的示例代码：

```
1    public class TextWebSocketFrameInboundHandler extends
2    SimpleChannelInboundHandler<TextWebSocketFrame> {
3        @Override
4        public void channelActive(ChannelHandlerContext context) throws Exception {
5            super.channelActive(context);
6        }
7        @Override
8        public void channelRead0(ChannelHandlerContext context,
9            TextWebSocketFrame frame) throws Exception {
10            context.fireChannelRead(frame.text());
11        }
12        @Override
13        public void userEventTriggered(ChannelHandlerContext ctx, Object evt)
14            throws Exception {
15            super.userEventTriggered(ctx, evt);
16            if(evt == WebSocketServerProtocolHandler
17                .ServerHandshakeStateEvent.HANDSHAKE_COMPLETE) {
18                ctx.pipeline().remove(HttpRequestHandler.class);
19            } else {
20                super.userEventTriggered(ctx, evt);
21            }
22        }
23
24        @Override
25        public void exceptionCaught(ChannelHandlerContext ctx, Throwable cause)
26            throws Exception {
27            super.exceptionCaught(ctx, cause);
28            cause.printStackTrace();
29            ctx.close();
```

```
30     }
31  }
```

第 10 行，当有数据进入，将帧的字符串数据传给下一个 ChannelInboundHandler。

第 13 行，重写了 userEventTriggered 方法，这样就能自定义事件处理了。在这里，当触发握手完毕事件之后，ChannelPipeline 将 HttpRequestHandler 移除，这样就不会接收到任何 HTTP 请求了。

6.7.3　定义 ChannelInitializer

已经具备了必要的 ChannelHandler，接下来就需要将它们串起来，从而接收数据。这就需要实现一个 ChannelInitializer：

```
public class WebSocketTextChannelInitializer extends ChannelInitializer<Channel> {
    public WebSocketTextChannelInitializer() {

    }
    @Override
    protected void initChannel(Channel ch) throws Exception {
        ChannelPipeline pipeline = ch.pipeline();
        pipeline.addLast(new HttpServerCodec());
        pipeline.addLast(new ChunkedWriteHandler());
        pipeline.addLast(new HttpObjectAggregator(64 * 1024));
        pipeline.addLast(new HttpRequestHandler("/ws"));
        pipeline.addLast(new WebSocketServerProtocolHandler("/ws"));
        pipeline.addLast(new TextWebSocketFrameInboundHandler());
        pipeline.addLast(new RequestController());
    }
}
```

定义完 ChannelInitializer 类之后，就可以通过 Bootstrap 的 childHandler 方法来指定该类的对象。

以下是对各个 ChannelHandler 的解释，如表 6-15 所示：

表 6-15　各个 ChannelHandler 的解释

ChannelHandler	职　责
HttpServerCodec	将字节解码为 HttpRequest、HttpContent 和 LastHttpContent，并将 HttpRequest、HttpContent 和 LastHttpContent 编码为字节。Netty 自带
ChunkedWriteHandler	写入一个文件的内容。Netty 自带
HttpObjectAggregator	将一个 HttpMessage 和跟随它的多个 HttpContent 聚合为单个 FullHttpRequest 或者 FullHttpResponse（取决于它是被用来处理请求还是响应）。安装了这个之后，ChannelPipeline 中的下一个 ChannelHandler 将只会收到完整的 HTTP 请求或响应。Netty 自带
HttpRequestHandler	处理 FullHttpRequest（那些不发送到/ws URI 的请求）。自定义的
WebSocketServerProtocolHandler	按照 WebSocket 规范的要求，处理 WebSocket 升级握手、PingWebSocketFrame、PongWebSocketFrame 和 CloseWebSocketFrame。Netty 自带
TextWebSocketFrameInboundHandler	处理 TextWebSocketFrame 和握手完成事件
RequestController	简单地打印出发来的字符串消息

在这里，RequestController 还没有向读者介绍，以下是它的代码：

```
public class RequestController extends SimpleChannelInboundHandler<String> {
    @Override
    public void channelRead0(ChannelHandlerContext context, String text) throws Exception {
        System.out.println(text);
    }
}
```

它只是简单地打印出 TextWebSocketFrameInboundHandler 传递给它的字符串。

6.8 SSL 处理器

安全套接层（Secure Sockets Layer，SSL），及其继任者传输层安全（Transport Layer Security，TLS）是为网络通信提供安全及数据完整性的一种安全协议。TLS 与 SSL 可以在传输层与应用层之间对网络连接进行加密。

为了支持 SSL/TLS，Java 提供了 javax.net.ssl 包，它的 SSLContext 和 SSLEngine 类使得实现解密和加密相当简单直接。Netty 通过一个名为 SslHandler 的 ChannelHandler 实现利用了这个 API，其中 SslHandler 在内部使用 SSLEngine 来完成实际的工作。

以下示例代码显示了使用 SslHandler 的 ChannelInitializer：

```
1   public class SslChannelInitializer extends ChannelInitializer<Channel>{
2       private final SslContext context;
3       private final boolean startTls;
4       public SslChannelInitializer(SslContext context, boolean startTls) {
5           this.context = context;
6           this.startTls = startTls;
7       }
8       @Override
9       protected void initChannel(Channel ch) throws Exception {
10          SSLEngine engine = context.newEngine(ch.alloc());
11          ch.pipeline().addFirst("ssl", new SslHandler(engine, startTls));
12          … // 继续添加别的 ChannelHandler
13      }
14  }
```

第 4 行，如果 startTls 被设置为 true，那么第一个写入的消息将不会被加密，同时客户端也应该设置为 true。

SslHandler 应该放在所有 ChannelHandler 的前面，这样才能对发送和接收到的数据进行加密和解密。

6.9 本章小结

本章对 Netty 的基本功能进行了讲解，这些知识点是理解笔者开发的后台框架的基础。在下一章里，将向读者介绍笔者开发的后台框架。

第 7 章　JCommon 和 nest 编程指南

JCommon 和 nest 是笔者开发的游戏后台框架。其中，JCommon 里包含了一个 PPA 模式。PPA 也可以看成是一个编程模型。该 PPA 实现不仅可以和 Netty 配合使用，也可以和其他的网络框架一起使用，比如 Spring Boot 中的 WebSocket 框架。而 nest 结合使用了 Netty 和 Jcommon 中的 PPA 实现。最初 PPA 实现是放在 nest 内部的，但是为了便于复用，将 PPA 实现分离出来，放在了 JCommon 里。

JCommon 框架的意图是为 Java 服务器程序提供可复用的框架和类库。

接下来就介绍一下 PPA 编程模型。

7.1　PPA 编程模型

PPA 的英文全称是 Proxy Player Performs Actions，即代理玩家执行动作。由此可以看出两个概念——ProxyPlayer（代理玩家）和 Action（动作）。它们之间的关系如图 7-1 所示：

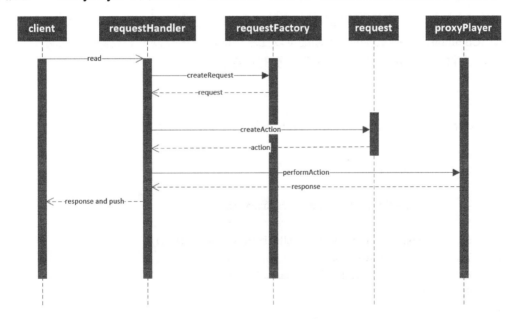

图 7-1　PPA 序列图

上图中，客户端会向服务器发送一个请求，就会调用 requestHandler 的 read 方法读取请求数据。接下来 requestHandler 让 requestFactory 根据请求数据生成 request 对象。然后这个 request 对象调用 createAction 方法生成 action 对象。接下来 proxyPlayer 调用 performAction 方法来执行这个 action 对象，而且返回一个 response，也就是响应。

proxyPlayer 可以把消息响应或者推送发送给客户端，而且推送可以发生在 performAction

里，所以推送会在响应到达之前到达客户端。

对于一个类似麻将的棋牌类游戏，游戏后台会有一个称为房间（Room）的模型，房间可以创建麻将桌面（Table）。一个游戏后台可以有多个房间，在 PPA 里房间的根类是 Space（空间），空间是 proxyPlayer 的容器。目前空间有两种，一种是大厅（Lobby），一种是带有多个桌面的房间，它们都是 Space 的子类。proxyPlayer 可以进入空间，也可以离开空间。空间、大厅、房间和桌面都是 PPA 里的编程模型。

> **PPA 编程模型的来历**
>
> 笔者在 2018 年打算做棋牌类游戏外包的时候，打算先思考出一个游戏后台通用的编程模型。由于之前没有任何游戏后台开发经验，所以思维没有受到别人的影响。因为编程就是打比喻，所以笔者就去思考，怎样的比喻容易理解，而且还能实现游戏后台的功能。
>
> PPA 经历了几次改进，目前的设计还算比较合理。笔者认为，nest 和 JCommon 里的 PPA 实现与 Netty 的结合，可以做出任何回合制联网对战游戏，比如卡牌类游戏、棋牌类游戏等。

7.2　JCommon 和 nest 的组件概述

JCommon 和 nest 是由一系列组件组成的，这些组件协同工作，从而驱动着服务器程序的运行。JCommon 和 nest 相关的 git 地址可以在本书的附录中找到。

接下来将向读者介绍这两个框架所涉及的主要组件。

7.2.1　Server 服务器类

Server 表示服务器，通过它来指定端口。以下是 Server.java 的代码：

```
1    public class Server {
2        private int port;
3
4        private ChannelInitializer channelInitializer;
5
6        public Server(int port, ChannelInitializer channelInitializer) {
7            this.port = port;
8            this.channelInitializer = channelInitializer;
9        }
10
11       public void run() throws Exception {
12           EventLoopGroup group = new NioEventLoopGroup();
13           try {
14               ServerBootstrap b = new ServerBootstrap();
15               b.group(group)
16                       .channel(NioServerSocketChannel.class)
17                       .localAddress(new InetSocketAddress(this.port))
18                       .childHandler(this.channelInitializer);
```

```
19              ChannelFuture future = b.bind().sync();
20              future.channel().closeFuture().sync();
21          } finally {
22              group.shutdownGracefully().sync();
23          }
24      }
25  }
```

可以看出，只要给 Server 指定要绑定的端口号和 ChannelInitializer 就可以了，然后调用它的 run 方法，服务器程序就运行了。

目前 Server 有两个子类——WebSocketTextServer 和 WebSocketBinaryWithPortobufServer，二者分别用来接收 WebSocket 的文字数据和二进制字节数组，并且后者使用 Protobuf 进行数据的序列化和反序列化。

它们的代码分别如下所示：

TextWebSocketServer.java：

```
public class TextWebSocketServer extends Server {
    public TextWebSocketServer(int port) {
        super(port, new WebSocketTextChannelInitializer());
    }
}
```

BinaryWebSocketWithPortobufServer.java：

```
public class BinaryWebSocketWithPortobufServer extends Server {
    public BinaryWebSocketWithPortobufServer(int port) {
        super(port, new WebSocketBinaryWithProtobufChannelInitializer());
    }
}
```

可以看出，二者只是 ChannelInitializer 的实现方式不一样。

7.2.2　Lobby 大厅的基类

Lobby 就是大厅，在客户端连接到服务器的时候，每个连接会创建一个 ProxyPlayer（代理玩家），而且这个 ProxyPlayer 会进入一个默认的空间（Space），这个默认的空间就是大厅。因为 Lobby 是默认的空间，所以完全可以让它去创建 ProxyPlayer。

以下是 Lobby 的代码：

```
1   public abstract class Lobby<P extends IProxyPlayerEnteringRoom> extends Space<P> {
2       private final Map<String, MatchMachine> matchMachineMap = new ConcurrentHashMap<>();
3
4       public Lobby(String spaceName) {
5           super(spaceName);
6       }
7       // 此方法不必同步
8       public void addMatchMachine(MatchMachine matchMachine) {
```

```
9              matchMachineMap.put(matchMachine.getMatchMachineName(),matchMachine);
10         }
11
12         public int getAmountOfProxyPlayerInMatchMachine(String matchMachineName) {
13             MatchMachine matchMachine = matchMachineMap.get(matchMachineName);
14             if(matchMachine != null) {
15                 return matchMachine.getAmountOfProxyPlayers();
16             }
17             return 0;
18         }
19
20         public void onProxyPlayerEnterMatchMachine(P proxyPlayer,
21                 String matchMachineName) throws MatchMachineNotExistException {
22             MatchMachine matchMachine = matchMachineMap.get(matchMachineName);
23             if(matchMachine == null) {
24                 throw new MatchMachineNotExistException(matchMachineName);
25             }
26             proxyPlayer.enterMatchMachine(matchMachine);
27         }
28
29         public void initialize() {
30             createMatchMachines();
31         }
32
33         public abstract P createProxyPlayer();
34
35         protected abstract void createMatchMachines();
36
37         public void onClientDisconnect(P proxyPlayer) {
38             proxyPlayer.leaveMatchMachine();
39             proxyPlayer.leaveSpace();
40         }
41     }
```

Lobby 是一个抽象类，子类需要实现两个方法——createProxyPlayer 和 createMatchMachines。前者就是每个连接创建的时候都会调用的方法，从而为每个连接创建一个 ProxyPlayer。后者是用来创建 MatchMachine（匹配机）。

如果一个 ProxyPlayer 目前处于一个 Lobby 里，而且玩家打算进入游戏界面（游戏界面在后台的表示就是房间里的桌面），它就需要先进入一个能创建桌面房间。但是在进入之前，必须等待其他的 ProxyPlayer（这个 ProxyPlayer 对应着一个玩家客户端），这样才能一起玩。但是在一起进入这个房间之前，它们先进入的是 MatchMachine（匹配机）。每个 ProxyPlayer 都在等待，直到 MatchMachine 满了，然后才会一起进入房间。createMatchMachines 方法就是用来创建所有类型的匹配机的。

比如英雄联盟的匹配机制，就可以通过 MatchMachine 来实现。

7.2.3　NestRoot 根类

nest 有一个根类——NestRoot。以下是 NestRoot 的代码：

```
1   public class NestRoot {
2       public static NestRoot getInstance() {
3           return instance;
4       }
5
6       private static NestRoot instance = new NestRoot();
7
8       private NestRoot() {
9
10      }
11
12      public void run() throws Exception {
13          Lobby lobby = (Lobby)getBean("lobby");
14          Server server = (Server)getBean("server");
15          lobby.initialize();
16          server.run();
17      }
18
19      private ApplicationContext applicationContext;
20
21      public ApplicationContext getApplicationContext() {
22          return applicationContext;
23      }
24
25      public Object getBean(String beanName) {
26          return applicationContext.getBean(beanName);
27      }
28
29      public <T> T getBean(Class<T> cls) {
30          return applicationContext.getBean(cls);
31      }
32
33      public void config(Class<?> configurationClass) {
34          applicationContext = new AnnotationConfigApplicationContext(configurationClass);
35      }
36  }
```

可以看出 NestRoot 是一个单件。

第 33 行，根据一个配置类来创建 Spring 的 ApplicationContext。而且可以通过 NestRoot 的 getBean 方法获得被 Spring 扫描到的 Bean。

第 12 行，获得了两个 Bean——lobby 和 server，然后初始化 lobby，并且运行 server。lobby 和 server 这两个 Bean 都放在了配置类里。

NestRoot 在 Main.java 里一般是这样使用的，以下代码是 Main.java 的典型写法：

```
public class Main {
    public static void main(String[] args) {
        NestRoot.getInstance().config(Configuration.class);
        try {
            NestRoot.getInstance().run();
        } catch (Exception e) {
            e.printStackTrace();
        }
    }
}
```

Main.java 是程序的启动类。

7.2.4 BaseConfiguration 配置的基类

由上一节可以知道，每个 nest 项目都要去创建一个配置类，这个类的基类是 BaseConfiguration。以下是 BaseConfiguration 的代码：

```
public abstract class BaseConfiguration {
    @Bean
    public abstract Server server();

    @Bean
    public abstract Lobby lobby();
}
```

可以看出，开发者需要指定 Lobby 和 Server 的具体对象，这样 NestRoot 就能找到这两个 Bean，从而运行服务器程序了。

开发者也可以给具体的配置类添加 Spring 的@ComponentScan 注解，从而执行 Spring 的组件扫描功能。

上一节中的 Main.java 代码里的 Configuration 类，就是 BaseConfiguration 的具体子类。

7.2.5 ProxyPlayerEnteringRoom 代理玩家的基类

开发者在实现自己的 ProxyPlayer 的时候，可以直接继承 ProxyPlayerEnteringRoom 类。以下是 ProxyPlayerEnteringRoom 类的继承图，如图 7-2 所示：

其中 IProxyUser、IProxyPerformer 以及 IProxyObserver 在 JCommon 框架里，其余的类和接口在 nest-core 框架里。

对于 ProxyPlayer 类，它里面存放了一个 ChannelHandlerContext 对象，这样就能把响应和推送发送给客户端了。该对象是通过 pushToClient 方法来推送消息的。响应的发送不用开发者考虑，因为在 Action（动作）执行完毕之后，要求开发者返回一个 Response（响应）对象，nest 会自动将这个响应发送给客户端。

ProxyPlayerEnteringRoom 除了具有 ProxyPlayer 类的功能之外，还能存放当前的桌面信息，以及与桌面基本的交互功能，还有与匹配机交互的功能。

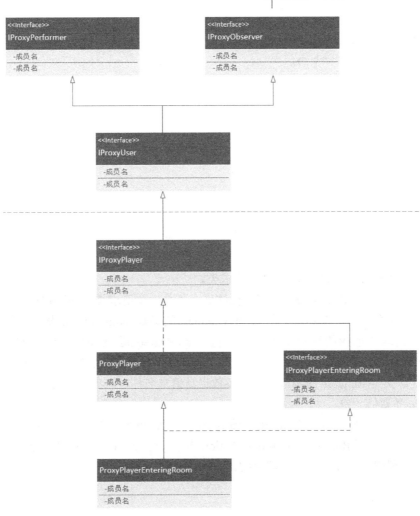

图 7-2　ProxyPlayerEnteringRoom 继承图

7.2.6　Request 请求的基类

Request 是所有请求对象的基类，它放在 JCommon 框架里。一个 Request 子类的典型写法是这样的：

```
1    @PPARequest(requestName = "client.ping")
2    public class PingRequest extends Request {
3        public PingRequest() {
4            super("client.ping");
5        }
6
7        public static class Body {
8        }
9
10       private Body body; // 没实例化 body 是因为如果 Body 类是空的，json 序列化就会报错
```

```
11
12        public Body getBody() {
13            return body;
14        }
15
16        public void setBody(Body body) {
17            this.body = body;
18        }
19
20        @Override
21        public Action $createAction() {
22            return new PingAction();
23        }
24    }
```

这是一个用来检测网络连通的 ping 请求类。

第 1 行，使用@PPARequest 注解来标注这个类是一个请求类，该注解存放在 JCommon 框架里。并且该类要继承 Request 类。@PPARequest 的参数 requestName 表示请求的名称，一般用指明该请求的意图的字符串来指定该值。@PPARequest 注解将会被 JCommon 里的 ClassScanner 对象扫描到并被处理。关于 ClassScanner，将会在随后的小节里进行介绍。

第 4 行，父类 Request 的构造函数的参数也是请求名称，该参数值要跟@PPARequest 的 requestName 参数值一致。

第 7 行，定义了消息体类 Body 类，该类里的字段，就是请求携带的数据。

第 21 行，实现了 Request 类的$createAction 方法。与 sparrow-egret 的约定一样，以$开头的方法是只能覆盖而不能由开发者调用的。

7.2.7　Response 响应的基类

Response 是所有响应对象的基类，它放在 JCommon 框架里。一个 Response 子类的典型写法是这样的：

```
1    public class PongResponse extends Response {
2        public static final String RESPONSE_NAME = "server.pong";
3
4        public PongResponse() {
5            super(RESPONSE_NAME);
6        }
7
8        private Body body; // 没实例化 body 是因为如果 Body 类是空的，json 序列化就会报错
9
10        public Body getBody() {
11            return body;
12        }
13
14        public void setBody(Body body) {
15            this.body = body;
```

```
16          }
17
18          public static class Body {
19
20          }
21      }
```

这是一个对 ping 请求进行响应的响应类。所有的响应类都要继承 Response 类。

第 2 行，定义了响应名称，跟请求名称一样，也要表明意图。

第 5 行，父类 Response 的构造函数需要一个响应名称的参数。

第 18 行，和请求类一样，定义了消息体类 Body 类。

7.2.8 Push 推送的基类

Push 是所有推送对象的基类，它放在 JCommon 框架里。一个 Push 子类的典型写法是这样的：

```
1      public class PongPush extends Push {
2          public static final String PUSH_NAME = "server.pongPush";
3
4          public PongPush() {
5              super(PUSH_NAME);
6          }
7
8          private Body body; // 没实例化 body 是因为如果 Body 类是空的，json 序列化就会报错
9
10         public Body getBody() {
11             return body;
12         }
13
14         public void setBody(Body body) {
15             this.body = body;
16         }
17
18         public static class Body {
19
20         }
21      }
```

这是一个对 ping 请求实施推送的推送类。这个类的写法和响应类的写法差不多，读者可以去猜测这些代码的意图。

7.2.9 Action 动作的基类

Action 类就是当服务器有请求到达的时候，ProxyPlayer 将要执行的动作。这个类放在 JCommon 框架里。动作对象是由请求对象生成的。以下是一个 Action 动作的基类的典型写法：

游戏开发实战宝典

```
1    public class PingAction extends Action<IProxyPlayer> {
2        @Override
3        public Response $onPerform() {
4            getProxyPerformer().pushToClient(new PongPush());
5            return new PongResponse();
6        }
7    }
```

该类是对 ping 请求所做出的动作。

所有动作类需要继承 Action 类。Action 是个模板类，模板的参数是 ProxyPlayer 的类型。并且要实现 $onPerform 方法。

第 4 行，通过 Action 的 getProxyPerformer 来获得 ProxyPlayer，然后调用 ProxyPlayer 的 pushToClient 方法向客户端推送数据。

第 5 行，方法返回一个响应对象，nest 会将这个对象转变成网络传输的数据，并将这个数据返回给客户端。

7.2.10　Room 房间的基类

Room 是所有房间类的基类，它也是 Table（桌面）的容器。因为它继承于 Space（空间），所以也是 ProxyPlayer（代理玩家）的容器。以下是这个类的代码：

```
1    public abstract class Room<T extends Table, P extends IProxyPlayerEnteringRoom>
2            extends Space<P> {
3        private final Map<String, T> tableIdAndTableMap = new ConcurrentHashMap<>();
4
5        public Room(String spaceName) {
6            super(spaceName);
7        }
8
9        public T getTableByTableId(String boardId) {
10           return tableIdAndTableMap.get(boardId);
11       }
12
13       public abstract T createTable();
14   }
```

第 3 行，成员对象 tableIdAndTableMap 是桌面 ID 与桌面组成的映射，所有的桌面都储存在这里。

第 13 行，需要子类实现 createTable 方法，这个方法是用来创建一个桌面对象的。

7.2.11　Table 桌面的基类

Table 表示桌面，它是参与游戏的代理玩家的容器，并且提供了额外的功能。以下是它的代码：

```
1    public abstract class Table<P extends IProxyPlayerEnteringRoom> {
2        private final String tableId;
```

146

```
3       public String getTableId() {
4           return tableId;
5       }
6
7       public Table(String tableId) {
8           this.tableId = tableId;
9           performersAroundTable = createSeats();
10      }
11      @GuardedBy("this")
12      protected final P[] performersAroundTable;
13
14      protected final List<P> observersAroundTable = new LinkedList<>();
15
16      public synchronized boolean isFull() {
17          return findASeatForProxyPlayerJoiningThisTable() ==
18              Constants.INVALID_SEAT_INDEX;
19      }
20
21      public synchronized int findASeatForProxyPlayerJoiningThisTable() {
22          for(int index = 0; index < performersAroundTable.length; ++index) {
23              P proxyPlayer = performersAroundTable[index];
24              if(proxyPlayer == null) {
25                  return index;
26              }
27          }
28          return Constants.INVALID_SEAT_INDEX;
29      }
30
31      public P getPerformerByIndex(int index) {
32          return performersAroundTable[index];
33      }
34
35      public synchronized void onPerformerJoin(P proxyPlayer)
36              throws TableIsFullException {
37          if(isFull()) {
38              throw new TableIsFullException();
39          }
40          int seatIndex = findASeatForProxyPlayerJoiningThisTable();
41          performersAroundTable[seatIndex] = proxyPlayer;
42          onPerformerJoin(proxyPlayer, seatIndex);
43
44          NestLogger.info("Player " + proxyPlayer.getPlayerId() + " joins table "
45              + getTableId() + ": seat index: " + seatIndex);
46      }
47
48      public synchronized void onGetReady(P proxyPlayer) {
```

```
49              proxyPlayer.setReady(true);
50              onProxyPlayerGetReady(proxyPlayer);
51              if(areAllProxyPlayersReady()) {
52                  onAllProxyPlayersAreReady();
53              }
54          }
55
56      public synchronized void onCancelReady(P proxyPlayer) {
57              proxyPlayer.setReady(false);
58              onProxyPlayerCancelBeingReady(proxyPlayer);
59          }
60
61      public boolean areAllProxyPlayersReady() {
62              for(IProxyPlayerEnteringRoom proxyPlayer: performersAroundTable) {
63                  if(proxyPlayer == null || !proxyPlayer.ifIsReady()) {
64                      return false;
65                  }
66              }
67              return true;
68          }
69
70      public synchronized void broadcast(Push push) {
71              for(P performer: performersAroundTable) {
72                  if(performer != null) {
73                      performer.pushToClient(push);
74                  }
75              }
76              for(P observer: observersAroundTable) {
77                  if(observer != null)
78                      observer.pushToClient(push);
79              }
80          }
81
82      protected abstract P[] createSeats();
83
84      protected abstract void onPerformerJoin(P proxyPlayer, int seatIndex);
85
86      protected abstract void onProxyPlayerGetReady(P proxyPlayer);
87
88      protected abstract void onProxyPlayerCancelBeingReady(P proxyPlayer);
89
90      protected abstract void onAllProxyPlayersAreReady();
91  }
```

第 2~5 行，tableId 是桌面的 ID 号，以及它的获取器。

第 7~10 行，构造函数需要一个桌面 ID 号的参数，并且在构造函数里创建了座位，这个座位也是比喻。

第 12 行，performersAroundTable 表示桌面周围的代理玩家，它们参与了桌面上的游戏。

第 14 行，observersAroundTable 表示观看游戏的围观者，它们不能参与游戏。

第 16～19 行，ifFull 方法反映当前桌面的座位是否满了。对于一个麻将类的游戏，如果 performersAroundTable 的数量是 4，就说明桌面已经满了。

第 21～27 行，findASeatForProxyPlayerJoiningThisTable 方法是用来为加入桌面的代理玩家寻找一个座位，返回值是座位的索引。如果座位已经满了，则返回 Constants.INVALID_SEAT_INDEX。

第 31～33 行，getPerformerByIndex 方法根据座位的索引找到对应的代理玩家。

第 35～46 行，当有代理玩家加入当前桌面的时候，就会调用这个 onPerformerJoin 方法，该方法的参数是描述要加入的代理玩家。

第 48～54 行，当有代理玩家准备准备就绪之后，就会调用这个 onGetReady 方法，该方法的参数是描述做好准备的代理玩家。一旦所有玩家都做好了准备，游戏就开始了。

第 56～59 行，当有代理玩家取消准备的时候，就会调用这个 onCancelReady 方法，该方法的参数是描述取消准备的代理玩家。

第 61～68 行，areAllProxyPlayersReady 方法返回所有代理玩家是否都准备就绪。

第 70～80 行，broadcast 方法将一个推送发送给所有的代理玩家和代理观战者，这个推送之后就会送达到各自的客户端。

第 82 行，需要子类实现 createSeats 方法，该方法返回代理玩家数组。

第 84 行，这是代理玩家加入桌面之后会执行的回调方法，参数分别描述要加入的代理玩家和座位的索引。

第 86 行，这是代理玩家做好准备之后的回调方法，参数是描述做好准备的代理玩家。

第 88 行，这是代理玩家取消准备之后的回调方法，参数是描述取消准备的代理玩家。

第 90 行，这是当所有玩家都准备就绪之后的回调方法。

7.2.12　ClassScanner 类扫描器

ClassScanner 是 JCommon 里的类扫描功能类，能扫描到带自定义注解的类，@PPARequest 就是一个自定义的注解。

ClassScanner 继承了 Spring 的 ResourceLoaderAware 类，从而复用了 Spring 的组件扫描功能。并且 ClassScanner 也被 Spring 的@Component 所注解。

通过给配置类加上@ClassScan 注解，就能执行自定义注解扫描了。但是在做这件事之前，需要通过 ClassScanner 的公有静态方法 setClassScanAnnotationBasePackage，来设置被@ClassScan 注解的配置类所在的根包，这个根包默认值是 site.aarontree[⊖]。这个方法要在 NestRoot.getInstance().config 方法执行之前执行。

以下是@ClassScan 注解的定义：

```
@Target(ElementType.TYPE)
```

⊖ 作者试过让 ClassScanner 扫描所有的包，但是在测试的时候出错了，所以解决办法就是先指定被@ClassScan 注解的配置类所在的根包。

```
@Retention(RetentionPolicy.RUNTIME)
public @interface ClassScan {
    public String[] basePackages() default {};
}
```

可以看到该注解只有一个参数——basePackages，它指明了被自定义注解所注解的类所在的根包。要确保开发者的请求类的根包在这个参数中，这样就能扫描到请求类了。

也许以后会有更多的自定义注解。

 本章小结

本章向读者介绍了 PPA 编程模型，并讲解了 JCommon 和 nest 里主要的几个组件的使用方法。这些知识点是本书实战项目的基础。在下一个章节里，将会讲解一个简单的游戏开发实战项目——游戏聊天室。

第 8 章　前端后台实战项目——游戏聊天室

在前面的章节里，已经向读者介绍了 Egret 和 Netty 的基础知识，并且讲解了两个基于这两个框架之上的更高层次的框架——sparrow-egret 和 nest 的使用方法。本章将基于这两个高级框架的知识点，带领读者开发一款比较简单的实战项目——游戏聊天室。通过对本实战项目的讲解，希望读者能够掌握 sparrow-egret 和 nest 的使用方法。

本实战项目的代码都放在随书附带的资源里。

8.1　游戏聊天室功能

游戏聊天室在联网项目中是非常简单的项目，在很多游戏中，读者都能看到这类程序。这类项目的工作原理是这样的：一个用户向服务器发送一个会话请求，这个请求附带会话人的昵称、头像以及会话的内容，当服务器收到这个请求之后，会把昵称、头像以及会话的内容推送给聊天室里所有的人。

本章讲解的实战项目同样是这样实现的。除此之外还有以下这些功能：

- 单击头像能够修改头像；
- 单击昵称能够修改昵称。

接下来开始讲解具体的实现过程。

8.2　前端程序的实现

先从前端程序开始讲解。首先需要做的是功能的分解。前端的功能被分为以下的几个步骤：

- 引入第三方库；
- 设计请求、响应以及推送协议；
- 设计场景以及对话框；
- 实现资源加载监听器；
- 实现入口类——Main。

8.2.1　引入第三方库

首先需要通过修改 egretProperties.json 文件来引入 sparrow-egret。sparrow-egret 是由几个分开的子框架组成的。该项目对 egretProperties.json 文件做出了如下修改，参见二维码 8-1：

二维码 8-1

接下来介绍一下这些第三方库的功能：

- puremvc：puremvc 使用 TypeScript 语言实现，sparrow-ts 使用它来实现 MVC 的功能。

- as3：Flash AS3 遗留的库，sparrow-egret 里会使用到里面的功能，比如字典。
- protobufjs：protobuf 的 JavaScript 实现，sparrow-egret-core 里的一个代理服务器就是用它来编码和解码二进制数据的。
- sparrow-ts-math：sparrow-ts 的数学库。
- sparrow-ts-common：sparrow-ts 的公用类库。
- sparrow-ts-core：sparrow-ts 的核心框架，包括 RequestCommand、InboundProtocolProxy 以及 Mediator 等，这些都是基于 puremvc 的。原本这些都是归属于 sparrow-egret-core 的，但是考虑到其他 ts 项目可重复使用的情况，将这些分离了出来。
- sparrow-ts-common-protobufjs：sparrow-ts 的封装了 protobufjs 功能的框架，让 protobufjs 的使用更方便。
- sparrow-egret-common：sparrow-egret 的公用类库，里面提供了可重复使用的和 Egret 有关的方法。
- sparrow-egret-core-protobuf-compiled：sparrow-egret-core 里面协议（比如进入以及离开匹配机的相关协议）经过 protobufjs 编译之后的类库，之后又被 Egret 编译成第三方库。
- sparrow-egret-core：sparrow-egret 的核心框架。
- sparrow-egret-games-common：sparrow-egret-games 的公有类库，里面包括游戏客户端中可以重复使用的组件，如对话框。还有可重复使用的协议，如通过 openid 实现微信登录的协议。

这些库的引用顺序最好不要改变，否则会在运行时将报出引用失败的错误。

8.2.2　请求、响应以及推送协议的设计

当客户端发起说话请求的时候，会向服务器发送三个数据：图像名称（figure）、昵称（nickname）以及会话的内容（content）。然后服务器会把这三个数据推送给所有的客户端，如图 8-1 所示：

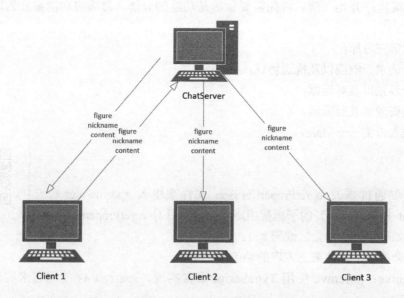

图 8-1　聊天室通信原理图

首先看一下请求——SpeakRequestCommand 的实现，如下代码清单所示，参见二维码 8-2：

第 20～22 行的三个字段，就是要传递给后台的数据。

接下来看一下 SpeakResponseProxy 的代码，参见二维码 8-3：

第 27 和 28 行，后台只是简单地返回 isSuccess 和 cause，分别表示请求是否成功，以及失败的原因。

接下来看一下推送类——SpeakPushProxy，参见二维码 8-4：

第 22～24 行，是后台推送的三个数据。

二维码 8-2

二维码 8-3

二维码 8-4

8.2.3　场景、推送处理器以及对话框的设计

接下来看看本项目的主体部分——聊天场景，以及它的周边功能的设计。

（1）场景

ChatScene 是聊天室的主界面，它的皮肤文件是 ChatSceneSkin.exml，它的类文件是 ChatScene.ts。首先看一下皮肤的设计。

在 Wing 里打开项目路径里的皮肤：resource/eui_skins/ChatSceneSkin.exml，如图 8-2 所示：

上部是聊天内容的列表，下部是文字编辑区域。图 8-3 是该皮肤层级面板里的内容：

图 8-2　聊天界面的布局

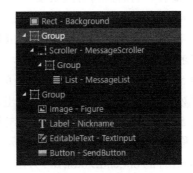

图 8-3　层级面板里的内容

第一个 eui.Group 里存放的就是聊天内容的列表，第二个 eui.Group 里存放的就是文字编辑区域里的组件。

目前的功能是这样的：当单击文字编辑区域的头像时，会弹出修改头像对话框，用户可以通过这个对话框改变头像；当单击昵称文字时，会弹出修改昵称对话框，从而修改昵称；当单击"发送"按钮时，会向后台发送会话请求。

接下来看一下 ChatScene 的 ts 代码，参见二维码 8-5：

第 3 行的 figure 对象将要绑定皮肤里的头像组件，将它设定为公有静态的，是因为要在修改头像对话框里引用这个对象，从而改变它的纹理。

二维码 8-5

第 5 行的 nickname 对象是用来绑定皮肤里昵称组件的，它同样是公有静态的，因为需要在修改昵称对话框里修改它。

第 7 行的 content 对象是用来绑定皮肤里聊天内容输入框的。

第 9 行的$messageList 是用来盛装聊天内容的列表。

第 20～23 行，覆盖了父类的$addNotificationHandlers 方法，这个方法是用来添加通知处理器的。第 22 行添加了一个 SpeakPushNotificationHandler 通知处理器，这个通知处理器是用来处理说话推送的。

第 26 行，覆盖了父类的$onSetup 方法，这个方法通常是用来绑定皮肤里的组件、给组件指定事件监听器以及布置场景的。

第 27 行，用 figure 对象绑定皮肤的头像组件。

第 29 行，给 figure 对象添加触摸事件回调。当头像组件被触摸之后，会弹出修改头像对话框。

第 31 行，用 nickname 对象绑定皮肤的昵称组件。

第 33 行，给 nickname 对象添加触摸事件回调。当昵称组件被触摸之后，会弹出修改昵称对话框。

第 35 行，用 content 对象绑定皮肤里的聊天内容输入框。

第 38 行，用$messageList 绑定聊天内容列表组件。

第 40 行，指定聊天内容列表的数据提供者。

第 41 行，指定聊天内容列表的项的皮肤。

第 43 行，用 messageScroller 对象绑定聊天滚动框组件。

第 45 行，将聊天内容列表设为聊天滚动框的视图。

第 47 行，用 sendButton 对象绑定皮肤里的发送按钮。

第 49 行，给 sendButton 对象添加触摸事件的回调。当单击发送按钮后，将会向后台发送会话请求。

第 53 行的 onFigureTap 方法，当单击头像后，就会回调这个方法。这个方法将会创建修改头像对话框，并将这个对话框显示出来。

第 58 行的 onNicknameTap 方法，当单击昵称后，就会回调这个方法。这个方法将会创建修改昵称对话框，并将这个对话框显示出来。

第 63 行的 onSendButtonTap 方法，当单击发送按钮后，就会回调这个方法。这个方法将会向服务器发送会话请求，第 66 行到 68 行的三个字段就是请求附带的数据。

（2）推送处理器

接下来看一下会话内容推送处理器——SpeakPushNotificationHandler，参见二维码 8-6：

SpeakPushNotificationHandler 继承了 NotificationHandler 类。

二维码 8-6

第 5 行，在构造函数里，将会话推送的通知名称传递给基类，从而告诉框架，自己对会话推送比较感兴趣，想对会话推送进行处理。

第 8 行，实现了基类的$handle 方法，这是一个回调方法，Mediator 和推送以及响应数据都会传递给它。这个方法是用来处理推送和响应的。

第 9 行，通过 Mediator 的 getViewComponent 方法来获取 Mediator 携带的视图组件，而且将其转型为 ChatScene，因为笔者非常确定，这个视图组件的具体类型就是 ChatScene。

第 10 行，获取 ChatScene 的聊天内容列表——messageList，并给这个列表添加一个项，这样新推送的内容就显示在聊天内容列表里了。

这个项目里只有推送处理器，而没有响应处理器，虽然后台会返回响应。这样做是因为响应里没有需要处理的有用数据。

（3）修改头像对话框

首先讲解一下修改头像对话框的皮肤——FigureChoseDialogSkin.exml。这是它里面的内容，如图 8-4 所示：

以下是这个皮肤对应的层级面板里的内容，如图 8-5 所示：

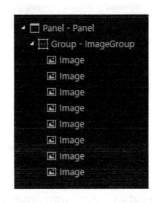

图 8-4　修改头像对话框皮肤里的内容　　　图 8-5　修改头像对话框皮肤的层级面板

可以看出，皮肤的顶级组件容器是 eui.Panel。eui.Group 里的 eui.Image 组件就是各个可以选择的头像。皮肤里的 close 按钮是 eui.Panel 皮肤自带的，单击它将会关闭这个 Panel。

接下来看一下 FigureChoseDialog 的 ts 代码，参见二维码 8-7：

第 2 行，FigureChoseDialog 继承于 sparrow.games.common.Dialog 类，该类存放在 sparrow-egret-games-common 类库里。

二维码 8-7

第 4 行，调用了基类的构造函数，第一个参数是 Mediator 的名称，第二个参数是皮肤的名称，第三个参数指明是否是模态对话框，如果是模态对话框，将会在对话框后面放上一块遮挡其他组件的半透明黑色矩形，非模态对话框就没有这个矩形。

第 7 行，覆盖了基类的$onSetup 方法。

第 8 行，用 imageGroup 对象绑定皮肤里盛装头像 eui.Image 组件的 eui.Group。

第 10 行，遍历 imageGroup 里盛装的头像 eui.Image 组件，为每个 eui.Image 添加触摸事件的回调。

第 15 行，用 panel 对象绑定皮肤顶级的 eui.Panel 组件。

第 17 行，用 closeButton 绑定 panel 的 close 按钮，这个按钮在 eui.Panel 的皮肤里的索引是 2。

第 18 行，给 closeButton 添加触摸事件的回调。

第 22 行的 onFigureTap 方法是头像单击事件的回调，当它执行的时候，会将 ChatScene 里的头像的纹理设置为被单击的头像的纹理。

第 27 行的 onCloseButtonTap 方法是 close 按钮的单击事件回调，它会调用 Dialog 的 close 方法，该方法会把对话框关闭。如果不给 close 按钮添加自定义的单击事件回调，当它被单击的，只是把 eui.Panel 关闭，它所在的 Dialog 并没有被关闭，而且模态状态下的半透明背景也不会消失。

（4）修改昵称对话框

首先看一下修改昵称对话框的皮肤——NicknameChangeDialogSkin.exml，它同样在项目路径 resource/eui_skins 里。以下是它的外观，如图 8-6 所示：

该皮肤对应的层级面板里的内容是这样的，如图 8-7 所示：

图 8-6　修改昵称对话框的皮肤

图 8-7　皮肤的层级面板

可以看到，皮肤的顶级组件还是 eui.Panel，它的内部是一个 eui.EditableText 组件，这个组件就是用来编辑昵称的。

接下来看一下 NicknameChangeDialog 的 ts 文件，参见二维码 8-8：

第 9 行，用 textInput 对象绑定昵称输入框的 eui.EditableText。

第 11 行，将 textInput 初始值设置为 ChatScene 当前的昵称。

第 12 行，给 textInput 添加一个文字内容以改变事件的回调方法，当昵称输入框里的内容发生改变，就会回调这个方法。

二维码 8-8

第 21 行的 onTextInputChange 方法就是昵称输入框文字内容改变事件的回调方法，当 textInput 里的文字发生改变时，就将这个文字内容赋给 ChatScene 的当前昵称组件。

8.2.4　实现资源加载监听器

资源加载监听器是用来指明需要加载的资源组的名称，并监听资源加载过程的。每个资源加载监听器类都要实现 sparrow.core.IResourceLoadListener 接口。

以下是本实战项目的资源加载监听器类——ResourceLoadListener 的代码，参见二维码 8-9：

第 7 行，实现了 IResourceLoadListener 接口的 getGroupNameListToPreload 方法，该方法需要返回资源组名称与加载优先级组成的对象的数组。这里需要加载的资源组的名称是 preload。

第 15 行，实现了 IResourceLoadListener 接口的 $onResourceGroupLoadError 方法，当资源组加载出现错误时，就会回调这个方法，而且把资源加载事件的对象传给这个方法。

第 19 行，实现了 IResourceLoadListener 接口的 $onResourceGroupProgress 方法，当加载完一个资源项之后，就会回调这个方法，而且把资源加载事件的对象传给这个方法。

第 23 行，实现了 IResourceLoadListener 接口的 $onItemLoadError 方法，当加载一个资源项出现错误时，就会回调这个方法，而且把资源加载事件的对象传给这个方法。

第 27 行，实现了 IResourceLoadListener 接口的 $onResourceGroupLoadComplete 方法，当一个资源组加载完毕之后，就会回调这个方法，而且把资源加载事件的对象传给这个方法。

第 31 行，实现了 IResourceLoadListener 接口的 $onAllResourceGroupLoadComplete 方法，当所有的资源组都加载完毕之后，就会回调这个方法，而且把资源加载事件的对象传给这个方法。当这个方法被调用的时候，就意味着所有要加载的资源都加载完毕了。所以一般会在这个回调方法里创建场景。

第 32 行，获取名称为 ProxyServer 的代理服务器，带有这个名称的服务器已经注册给了 sparrow.core.Director，这个注册过程是在入口类 Main.ts 里进行的，在下一节会讲解这个入口类。

第 34 行，向场景堆栈里压入主场景——ChatScene，并且将代理服务器指定给它。这样主场景就显示出来了。

8.2.5　实现入口类——Main

以下是 Main 类的 ts 代码，参见二维码 8-10：

第 2 行，Main 类继承于 sparrow.core.Entry，Entry 是入口类的基类，子类需要实现它的 $initialize 方法。

第 7 行，实现了基类的 $initialize 方法。

第 8 行，创建了一个 sparrow.core.WebSocketOnJsonStringProxyServer

类型的代理服务器。这个类型的代理服务器和后台程序之间传递的是 Json 字符串。还有一个和后台之间传递二进制数据，并且用 protobufjs 编解码的代理服务器——WebSocketWithProtoBufProxyServer。这种类型的代理服务器将会在后面的实战项目里介绍。

第 10 行，向 sparrow.core.Director 注册这个代理服务器。

第 11 行，代理服务器连接远程地址：ws://localhost:2020/ws。因为连接是异步的，所以必须得等到连接成功了，才能继续执行随后的操作。代理服务器的 connect 方法返回值的类型是 WaitingOperation，这个类有个 then 方法，用来指定异步操作完成之后要执行的回调函数。

第 12 行，连接成功之后，用一个 ResourceLoadListener 实例来初始化 ResourceManager，这样就开始加载资源，并对资源加载情况进行监听。

最后要注意，index.html 里的入口类配置一定要带上命名空间：

```
data-entry-class="h5gamedev.chapter8.Main"
```

8.2.6 小结

通过本前端案例，读者也许体会到了 sparrow-egret 的这种低耦合高内聚的设计风格。这种风格分散了关注点，使各个模块形成清晰的边界，更容易更换实现，而且更容易重复使用。这完全是遵守设计原则的结果。

8.3 后台程序的实现

后台程序可以被分解为以下几个步骤：
- 修改 gradle 构建脚本，添加依赖的框架和类库；
- 代理玩家的实现；
- 大厅的实现；
- 请求、响应以及推送；
- 动作的实现；
- 配置的实现；
- 程序启动类——Main。

8.3.1 修改 gradle 构建脚本

首先需要讲解一下 gradle 构建脚本，从而让读者了解这个项目依赖哪些框架和类库。以下是修改后的 build.gradle 文件，参见二维码 8-11：

二维码 8-11

第 12 行，把 maven 仓库的地址指定为阿里云的 maven 仓库，这样下载速度会快很多。

第 13 行，指定本地库的路径，这个路径是 nest-core 的项目路径。

第 15 行，指定本地库的路径，这个路径是 JCommon 的项目路径。

第 23～30 行，引用 Spring 的一些框架和类库。

第 32 行，引入 Netty 框架。

第 34～37 行，是 JSON 相关库。

第 39～42 行，是日志框架。

第 44～46 行，是 Protobuf 的框架。

第 48～49 行，分别是 nest-core 和 JCommon。

8.3.2 代理玩家的实现

跟所有的代理玩家类一样,游戏后台的代理玩家类需要继承 ProxyPlayerEnteringRoom 类，如下代码所示：

```
public class ProxySpeaker extends ProxyPlayerEnteringRoom {
}
```

因为这个简单的示例项目并不需要更多的玩家行为，所以这个类没有任何一个自定义的方法。在本书最终的实战项目里，读者将会看到其中的代理玩家拥有更多的行为。

8.3.3　大厅的实现

跟所有的大厅类一样，游戏后台的大厅类需要继承 Lobby 类，如下代码所示，参见二维码 8-12：

第 1 行，Lobby 的子类需要指定代理玩家的具体类，在这里就是 ProxySpeaker。

二维码 8-12

第 6 行，实现基类的 createProxyPlayer 方法，该方法返回代理玩家的一个实例中。

第 11 行，实现基类的 createMatchMachines 方法，该方法用来创建匹配机。因为当前这个项目没有用到匹配机，所以这个方法为空。

8.3.4　请求、响应以及推送

以下分别是请求、响应以及推送的代码，参见二维码 8-13：

读者可以看出来，这些协议与上一章介绍的 ping 功能的协议很相似，这里就不做过多讲解了。

二维码 8-13

8.3.5　动作的实现

与所有的动作类一样，都需要继承 Action 类，如下代码所示，参见二维码 8-14：

第 1 行，Action 的子类需要通过模板参数指明代理玩家的类型。

第 15 行，获取代理玩家所在的空间，当前就是 ChatRoom。

第 16～19 行，创建并初始化了一个推送对象——SpeakPush 类的对象。

第 20 行，在整个空间广播这个推送。

第 21 行，返回一个响应对象。

二维码 8-14

8.3.6　配置类的实现

以下是配置类的代码：

Configuration.java，参见二维码 8-15：

第 1、2 行，让 Spring 的组件扫描 nest-core 和 JCommon 的根包，因为这些包里有一些是 Bean。

第 3、4 行，让 JCommon 自带的类扫描当前项目的根包，因为当前项目里有用 @PPARequest 注解标注的请求类。

第 5 行，配置类继承于 nest-core 的 BaseConfiguration 类，而且要实现它的两个方法。

第 7 行，实现了基类的 server 方法，这个方法要求返回一个具体的 Server 类型，这里返回的是一个 WebSocketTextServer 类的实例，它表示和客户端交换 JSON 字符串的后台，而且构造函数的参数是后台监听的端口号。这个方法返回的也是一个 Bean。

第 12 行，实现了基类的 lobby 方法，这个方法要求返回一个首先进入大厅的代理玩家。这里返回的是一个 ChatRoom 的实例。这个方法返回的也是一个 Bean。

8.3.7 程序启动类

接下来是程序的启动类——Main 类的代码：

Main.java：

```java
public class Main {
    public static void main(String[] args) {
        NestRoot.getInstance().config(Configuration.class);
        try {
            NestRoot.getInstance().run();
        } catch (Exception e) {
            e.printStackTrace();
        }
    }
}
```

这段代码和上一章介绍的程序启动代码（7.2.3 节）非常类似，这里就不做过多讲解了。

8.4 连接前端与后台

目前所有的前端和后台的代码都已经具备了，接下来就可以启动程序。

8.4.1 启动后台程序

首先启动后台程序。

在 IDEA 的项目视图里，右键单击 Main 选项，然后选择 Run 'Main.main()'，如图 8-8 所示：

图 8-8　启动后台程序

这样后台程序就启动了。接下来启动前端程序。

8.4.2 启动前端程序

因为要启动多个客户端窗口才能看到交互的效果，所以这里不能像以前那样启动 Wing 自带的调试播放器窗口了，因为只能打开一个这样的窗口。而是需要打开 Chrome 调试，然后通过 url 来打开其他的客户端窗口。如图 8-9 所示：

然后单击左侧的绿色三角按钮来启动 Chrome 调试。启动后，修改默认的头像和昵称，如图 8-10 所示：

图 8-9 选择 Chrome 窗口调试

图 8-10 启动客户端

然后复制地址栏里的 url，再打开一个 Chrome 窗口，将这个 url 输入进新窗口的地址栏，这样就又打开一个客户端程序。然后修改昵称，如图 8-11 所示：

这样就有两个客户端连接到服务器了。接下来互相发送几条消息，看一下收发效果，如图 8-12 和图 8-13 所示：

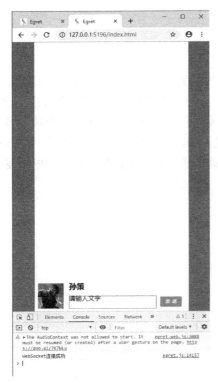

图 8-11 打开一个新窗口

图 8-12 客户端 1 的响应

图 8-13　客户端 2 的响应

8.5　本章小结

　　本章向读者讲解了 sparrow-egret 和 nest-core 的一个实例项目——游戏聊天室。联网功能是 sparrow-egret 和 nest-core 的主要功能之一，所以这种框架非常适合开发联网的回合制游戏。

　　在随后的部分里，将向大家展示一个笔者开发的游戏——国际象棋。这个项目虽然可能还不算完善，但是对于大部分初步从事游戏开发的从业人员来说，阅读它之后，应该都会有很大的帮助。而且该游戏项目还会引入一个能自动生成代码的库，从而极大方便开发者去自行开发属于自己的游戏。

本部分将首先开发一款贪吃蛇游戏项目。然后详细讲解一套实现双人在线对战的国际象棋游戏的开发模块，包括前端和后台。在第 12 章，将会向读者讲解笔者制作这些框架和模块的设计思路。

这些设计思路的基础主要是设计模式。设计模式是前人总结的设计方案，是可以重复利用的，而且是不易发生变化的。设计模式不像程序设计语言，程序设计语言是一直在变化和更替的。无论程序设计语言如何变化和更替，这些设计模式永远都是适用的，因为设计模式的基础是面向对象功能，而且目前主流的程序设计语言都具有面向对象功能。因此理解好设计模式才能在后续的开发工作中做到以不变应万变。

第9章 实战项目——贪吃蛇

在前面的章节中，已经向读者介绍了 sparrow-egret 的用法。在本章中，将向读者展示一个实战项目——贪吃蛇，从而让读者对 sparrow-egret 的用法产生更深刻的理解。

9.1 贪吃蛇项目的设计

在讲解这个项目的设计之前，请读者先运行一下这个项目，从而对这个项目有一定的了解，这样能更容易地理解设计。该项目也在随书附带的资源里，路径是：程序演示项目/前端/第9章/GluttonousSnake。

如果读者读到了这里，就假设读者已经将这个项目运行了一遍，并且已经理解了这个项目的行为。

接下来就开始向读者介绍这个项目的设计，首先看一下它的设计图，如图 9-1 所示：

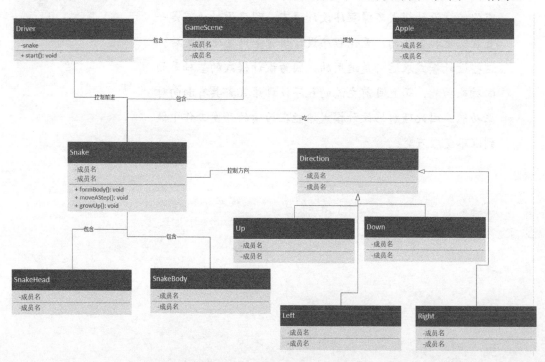

图 9-1 贪吃蛇项目的 UML 设计图

以下是各个类之间关系的文字说明：

● GameScene：表示游戏的场景，它的三个成员对象的类型分别是 Snake、Driver 以及 Apple。GameScene 可以在随机位置摆放 Apple。

● Snake：表示蛇，它带有外观。它的外观包含两种，一种是 SnakeHead，表示蛇的头部；

一种是 SnakeBody，表示蛇的身体。

- Driver：表示蛇的控制器，用来控制蛇的前进，包括前进的速度。
- Direction：表示蛇前进的方向，它有四个子类：Up、Down、Left 以及 Right，分别表示上、下、左和右。
- Apple：表示苹果，它也带有外观。当蛇吃进去一个苹果，它的身体就会延长。

9.2　代码解析

接下来开始讲解该项目实现的代码。

9.2.1　GameScene 游戏场景类

以下是 GameScene 类实现的代码：

```
1    class GameScene extends sparrow.core.Scene implements puremvc.IMediator {
2        public constructor() {
3            super('GameScene', 'GameSceneMediator', 'GameSceneSkin', null);
4            puremvc.Facade.getInstance().registerMediator(this);
5            this.addChild(this.snake);
6        }
7
8        private readonly WIDTH = 64;
9
10       private readonly HEIGHT = 36
11
12       public static instance: GameScene;
13
14       private snake = new Snake(this, 5, 5);
15
16       private driver = new Driver(this.snake);
17
18       private currentApple: Apple;
19
20       get apple() {
21           return this.currentApple;
22       }
23
24       private scoreLabel: eui.Label;
25
26       private restartButton: eui.Button;
27
28       public getPositionByCoordinate(x: number, y: number): egret.Point {
29           let rowName = 'Row' + (y + 1);
30           let row = sparrow.common.Utilities.getLaterGenerationByName(this,
31               rowName) as eui.Group;
32           if (row == null) {
```

```
33              return null;
34          }
35          if (x >= row.numChildren || x < 0) {
36              return null;
37          }
38          let rect = row.getChildAt(x) as eui.Rect;
39          return rect.localToGlobal(0, 0);
40      }
41
42      protected $onSetup() {
43          this.snake.formBody();
44          this.driver.start();
45          document.addEventListener('keydown', this.onKeyDown);
46          GameScene.instance = this;
47
48          this.currentApple = new Apple();
49          this.addChild(this.currentApple);
50          this.putApple();
51
52          this.scoreLabel = sparrow.common.Utilities.getLaterGenerationByName(this,
53              'Score') as eui.Label;
54          this.restartButton = sparrow.common.Utilities
55              .getLaterGenerationByName(this, 'RestartButton') as eui.Button;
56          this.restartButton.addEventListener(egret.TouchEvent.TOUCH_TAP,
57              this.onRestartButtonTap, this);
58      }
59
60      private onRestartButtonTap() {
61          this.restart();
62          this.restartButton.visible = false;
63          this.scoreLabel.text = '得分：0';
64      }
65
66      private restart() {
67          this.snake.reset();
68          this.driver.start();
69      }
70
71      private onKeyDown(evt) {
72          let currentDirection = GameScene.instance.snake.getDirection();
73          switch (evt.key) {
74              case 'ArrowUp':
75                  if (currentDirection instanceof Up
76                          || currentDirection instanceof Down) {
77                      break;
78                  }
```

```
79              GameScene.instance.snake.setDirection(new Up());
80            break;
81          case 'ArrowLeft':
82            if (currentDirection instanceof Right
83                  || currentDirection instanceof Left) {
84              break;
85            }
86            GameScene.instance.snake.setDirection(new Left());
87            break;
88          case 'ArrowRight':
89            if (currentDirection instanceof Right
90                  || currentDirection instanceof Left) {
91              break;
92            }
93            GameScene.instance.snake.setDirection(new Right());
94            break;
95          case 'ArrowDown':
96            if (currentDirection instanceof Up
97                  || currentDirection instanceof Down) {
98              break;
99            }
100           GameScene.instance.snake.setDirection(new Down());
101           break;
102        }
103      }
104
105      public putApple() {
106        let x = sparrow.ts.common.Utilities.generateRandomRangeInCount(0,
107            this.WIDTH, 1)[0];
108        let y = sparrow.ts.common.Utilities.generateRandomRangeInCount(0,
109            this.HEIGHT, 1)[0];
110        let position = this.getPositionByCoordinate(x, y);
111        while(this.snake.atPosition(position)) {
112          x = sparrow.ts.common.Utilities.generateRandomRangeInCount(0,
113              this.WIDTH, 1)[0];
114          y = sparrow.ts.common.Utilities.generateRandomRangeInCount(0,
115              this.HEIGHT, 1)[0];
116          position = this.getPositionByCoordinate(x, y);
117        }
118        this.currentApple.x = position.x;
119        this.currentApple.y = position.y;
120      }
121
122      /**
123       * IMediator 的实现
124       */
```

```
125            public getMediatorName(): string {
126                return 'GameSceneMediator';
127            }
128
129            public getViewComponent(): any {
130                return this;
131            }
132
133            public setViewComponent(viewComponent: any): void {
134
135            }
136
137            public listNotificationInterests(): string[] {
138                return [Snake.GROWING_UP_EVENT, Snake.DEAD_EVENT];
139            }
140
141            public handleNotification(notification: puremvc.INotification): void {
142                if (notification.getName() === Snake.GROWING_UP_EVENT) {
143                    let length = notification.getBody().length;
144                    let score = length - 4;
145                    this.scoreLabel.text = '得分：' + score;
146                } else if (notification.getName() === Snake.DEAD_EVENT) {
147                    this.restartButton.visible = true;
148                }
149            }
150
151            public onRegister(): void {
152
153            }
154
155            public onRemove(): void {
156
157            }
158
159            public sendNotification(name: string, body?: any, type?: string): void {
160                puremvc.Facade.getInstance().sendNotification(name, body, type);
161            }
162        }
```

第 1 行，让 GameScene 实现 puremvc.IMediator 接口，因为需要接收 Snake 发出的消息，这些消息包括 Snake 变长的消息和死去的消息。

第 3 行，构造函数的第 4 个参数 proxyServer 为 null，是因为这个项目属于单机项目，所以不需要代理服务器。

第 8 行和第 10 行，WIDTH 和 HEIGHT 表示场景的宽度和高度，这两个值表示的是格子的坐标，而不是实际坐标。图 9-2 显示的就是这种格子坐标的概念：

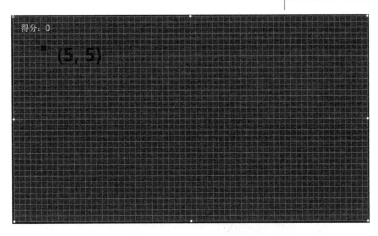

图 9-2　格子坐标

里面的红点的格子坐标就是(5, 5)。蛇的头和身体的一个节点，都是用该规格的格子表示的。

第 12 行，instance 用来引用 GameScene 的全局实例，这样便于在别的类里访问 GameScene 实例。

第 14 行，snake 成员对象表示蛇，它的构造函数的第一个参数表示所在的 GameScene，后两个参数表示蛇头所在的格子坐标。

第 16 行，driver 成员对象表示蛇的控制器，构造函数的参数是要控制的蛇。

第 18 行，currentApple 成员对象表示苹果。

第 24 行，scoreLabel 成员对象表示记分的文字，这个组件在场景的左上方。

第 26 行，restartButton 成员对象表示重新开始的按钮，当蛇死了之后，就会显示这个按钮。单击这个按钮之后，游戏就会重新开始。

第 28～40 行，方法 getPoistionByCoordinate 是用来根据格子坐标来获取实际坐标的。

第 42～58 行，覆盖了基类的 $onSetup 方法。第 43 行，让蛇形成了身体。第 44 行，让蛇的控制器开始执行。第 45 行，添加键盘事件处理的回调方法。第 46 行，赋予了 GameScene 的全局访问实例。第 48～50 行，创建了苹果，并把苹果添加到渲染节点，并把它放到场景里的一个随机的位置上。第 52～53 行，绑定了皮肤里的积分文字。第 54～57 行，绑定了重新开始按钮，并给这个按钮指定了触摸事件的回调方法。

第 60～64 行，onRestartButtonTap 方法是重新开始按钮的触摸事件回调方法，在这里重新开始了游戏。

第 66～69 行，restart 方法表示重置游戏场景。

第 71～103 行，onKeyDown 方法是键盘事件处理的回调方法，根据玩家单击的方向键，给 Snake 指定具体的方向（Direction）。

第 105～120 行，putApple 方法是用来将苹果放到一个随机的位置，值得注意的是，方法里采用一个 while 循环来避免把苹果放在了蛇的头部或者身体上。

125 行之后的方法是对 puremvc.IMediator 里方法的实现。

第 137～139 行，listNotificationInterests 返回自己感兴趣的消息名称，这些名称分别是 Snake.GROWING_UP_EVENT 和 Snake.DEAD_EVENT，分别表示身体延长事件和死亡事件。

第 141～149 行，handleNotification 方法对消息进行了处理。对于 Snake.GROWING_UP_
EVENT 消息，就是更新了一下记分文字。对于 Snake.DEAD_EVENT 消息，就是让重新开始
游戏的按钮显示出来。

9.2.2　Snake 蛇类

以下是 Snake 类的代码：

```
1    class Snake extends eui.Group implements puremvc.IMediator {
2        public constructor(gameScene: GameScene, initialX: number, initialY: number) {
3            super();
4            this.$gameScene = gameScene;
5            this.initialX = initialX;
6            this.initialY = initialY;
7            puremvc.Facade.getInstance().registerMediator(this);
8        }
9
10       public static readonly GROWING_UP_EVENT = 'Snake grow up';
11
12       public static readonly DEAD_EVENT = 'Snake died';
13
14       private $gameScene: GameScene;
15
16       get gameScene() {
17           return this.$gameScene;
18       }
19
20       private initialX: number;      // 初始的 x 坐标，格子坐标
21
22       private initialY: number;      // 初始的 y 坐标，格子坐标
23
24       private direction: Direction;   // 移动方向
25
26       public setDirection(direction: Direction) {
27           this.direction = direction;
28           direction.onSet(this);
29       }
30
31       public getDirection() {
32           return this.direction;
33       }
34
35       /**
36        * @description  重置
37        */
38       public reset() {
39           this.removeChildren();
```

```
40              this.formBody();
41          }
42
43          /**
44           * @description 判断头部和身体是否在一个位置上,
45           这个位置的值是实际的位置
46           */
47          public atPosition(position: egret.Point): boolean {
48              for(let i = 0; i < this.numChildren; ++i) {
49                  let child = this.getChildAt(i);
50                  if(child.x == position.x && child.y == position.y) {
51                      return true;
52                  }
53              }
54              return false;
55          }
56
57          public formBody() {
58              let point = this.$gameScene.getPositionByCoordinate(this.initialX,
59                  this.initialY);
60              let head = new SnakeHead();
61              head.setCoordinate(new egret.Point(this.initialX, this.initialY));
62              head.x = point.x;
63              head.y = point.y;
64
65              this.addChild(head);
66              for(let i = 0; i < 3; ++i) {
67                  point = this.$gameScene.getPositionByCoordinate(this.initialX - i - 1,
68                      this.initialY);
69                  let body = new SnakeBody();
70                  body.x = point.x;
71                  body.y = point.y;
72                  this.addChild(body);
73              }
74              this.setDirection(new Right());
75          }
76
77          private moveBody() {
78              for(let i = this.numChildren - 1; i > 0; i--) {
79                  let currentNode = this.getChildAt(i);
80                  let previousNode = this.getChildAt(i - 1);
81                  currentNode.x = previousNode.x;
82                  currentNode.y = previousNode.y;
83              }
84          }
85
86          public moveAStep() {
```

```
87              this.moveBody();
88              this.direction.moveHead();
89              if(this.hitOnSelf()) {
90                  this.sendNotification(Snake.DEAD_EVENT);
91              }
92          }
93
94          private hitOnSelf(): boolean {
95              for(let i = 1; i < this.numChildren; ++i) {
96                  let body = this.getChildAt(i);
97                  if(this.getHead().x == body.x && this.getHead().y == body.y) {
98                      return true;
99                  }
100             }
101             return false;
102         }
103
104         public getHead(): SnakeHead {
105             return this.getChildAt(0) as SnakeHead;
106         }
107
108         public growUp(): void {
109             let snakeBody = new SnakeBody();
110             let lastBody = this.getChildAt(this.numChildren - 1);
111             snakeBody.x = lastBody.x;
112             snakeBody.y = lastBody.y
113             this.addChild(snakeBody);
114             this.sendNotification(Snake.GROWING_UP_EVENT, {
115                 length: this.getLength()
116             });
117         }
118
119         public getLength(): number {
120             return this.numChildren;
121         }
122
123         /**
124          * IMediator 的实现
125          */
126         public getMediatorName():string {
127             return 'SnakeMediator';
128         }
129
130         public getViewComponent():any {
131             return this;
132         }
133
```

```
134          public setViewComponent( viewComponent:any ):void {
135
136          }
137
138          public listNotificationInterests( ):string[] {
139               return [];
140          }
141
142          public handleNotification( notification:puremvc.INotification ):void {
143
144          }
145
146          public onRegister():void {
147
148          }
149
150          public onRemove():void {
151
152          }
153
154          public sendNotification( name:string, body?:any, type?:string ):void {
155               puremvc.Facade.getInstance().sendNotification(name, body, type);
156          }
157     }
```

第 1 行，Snake 类继承自 eui.Group 类并实现了 puremvc.IMdeiator 接口。之所以让这个类继承自 eui.Group，是想让 Snake 实例能添加到渲染节点上。而且想让 Snake 实例发布消息，所以实现了 puremvc.IMdeiator 接口。

第 2～8 行，构造函数的后两个参数表示的是蛇头起始点的格子坐标。

第 10 行，GROWING_UP_EVENT 是 Snake 吃掉一个苹果之后长大一次的消息名称。

第 12 行，DEAD_EVENT 是 Snake 死亡之后的消息名称。

第 14 行，$gameScene 是 Snake 所在的游戏场景。

第 24 行，direction 表示蛇的移动方向。

第 38～41 行，reset 方法是用来重置蛇的，当游戏结束并重新开始的时候会调用这个方法。

第 47～55 行，atPosition 方法用来判断蛇头和蛇身是否覆盖住了某个实际坐标的点，当随机摆放苹果的时候会调用这个方法，用该方法判断苹果是否摆放到了蛇头或蛇身上，如果摆放到了，则再换个位置，因为要确保苹果不能放到蛇头和蛇身上。

第 57～75 行，formBody 方法用来形成蛇头和蛇身，在开始游戏以及重新开始游戏的时候会调用这个方法。

第 77～84 行，moveBody 方法用来移动身体，但是没有移动头部。

第 86～92 行，moveAStep 方法用来移动一步。第 88 行，是通过 direction 来移动头部的，因为头部的移动方向是由 direction 决定的。第 89 行，hitOnSelf 方法是用来判断头部和身体是否发生了碰撞，如果发生了碰撞，则发送死亡消息。

第 94～102 行，hitOnSelf 方法用来判断头部和身体是否发生了碰撞。

第 104～106 行，getHead 方法用来获取蛇头。

第 108～117 行，growUp 方法用来让蛇身变长一节，并且发送成长的消息。当蛇吃掉一个苹果的时候就会调用这个方法。

第 119～121 行，getLength 方法用来获取蛇的长度，这个长度是包含蛇头的。

126 行以后的方法是对 puremvc.IMediator 接口方法的实现。

9.2.3　SnakeHead 蛇头类

SnakeHead 表示蛇头，它有渲染节点。以下是它的代码：

```
1    class SnakeHead extends sparrow.core.Component {
2        public constructor() {
3            super('SnakeHeadSkin');
4        }
5
6        private $coordinate: egret.Point = new egret.Point();
7
8        get coordinate() {
9            return this.$coordinate;
10        }
11
12        public setCoordinate(point: egret.Point) {
13            this.$coordinate = point;
14        }
15
16        public toRight() {
17            let image = this.getChildAt(0) as eui.Image;
18            image.rotation = 0;
19        }
20
21        public toUp() {
22            let image = this.getChildAt(0) as eui.Image;
23            image.rotation = -90;
24        }
25
26        public toLeft() {
27            let image = this.getChildAt(0) as eui.Image;
28            image.rotation = 180;
29        }
30
31        public toDown() {
32            let image = this.getChildAt(0) as eui.Image;
33            image.rotation = 90;
34        }
35    }
```

第 1 行，让 SnakeHead 继承自 sparrow.core.Component。这个 sparrow-egret 自带的类使用起来非常方便，只要在构造函数里指定皮肤的名称，然后在$onSetup 方法里绑定组件，并添加事件回调就可以的。

第 2~4 行，构造函数里指明了蛇头的皮肤名称 SnakeHeadSkin。

第 6 行，$coordinate 表示蛇头的格子坐标。

第 16~19 行，toRight 方法将蛇头的图片按向右方向旋转，因为蛇头要与蛇移动的方向一致。随后的 toUp、toLeft 以及 toDown 方法的作用与它是类似的。

9.2.4　SnakeBody 蛇身类

SnakeBody 表示蛇身，它也带有渲染节点。它的代码很简单：

```
1    class SnakeBody extends sparrow.core.Component {
2        public constructor() {
3            super('SnakeBodySkin');
4        }
5    }
```

9.2.5　Driver 控制器类

Driver 是蛇的控制器，用来控制蛇的移动和速度。以下是它的代码：

```
1    class Driver implements puremvc.IMediator {
2        public constructor(snake: Snake) {
3            puremvc.Facade.getInstance().registerMediator(this);
4            this.snake = snake;
5        }
6
7        private snake: Snake;
8
9        private timer: egret.Timer;
10
11       private readonly INITIAL_DELAY = 1000;
12
13       private delay: number = this.INITIAL_DELAY;
14
15       public start(): void {
16           this.delay = this.INITIAL_DELAY;
17           this.timer = new egret.Timer(this.delay);
18           this.timer.addEventListener(egret.TimerEvent.TIMER, this.onTimer, this);
19           this.timer.start();
20       }
21
22       private onTimer() {
23           this.snake.moveAStep();
24           if(this.hitOnApple()) {
```

```
25                    this.snake.growUp();
26                    GameScene.instance.putApple();
27                }
28        }
29
30        private hitOnApple(): boolean {
31            let deviation = 10;
32            return this.snake.getHead().hitTestPoint(GameScene.instance.apple.x +
33                deviation, GameScene.instance.apple.y + deviation);
34        }
35
36        /**
37         * IMediator 的实现
38         */
39        public getMediatorName(): string {
40            return 'DriverMediator';
41        }
42
43        public getViewComponent(): any {
44            return this;
45        }
46
47        public setViewComponent(viewComponent: any): void {
48
49        }
50
51        public listNotificationInterests(): string[] {
52            return [Snake.GROWING_UP_EVENT, Snake.DEAD_EVENT];
53        }
54
55        public handleNotification(notification: puremvc.INotification): void {
56            if (notification.getName() === Snake.GROWING_UP_EVENT) {
57                let length = notification.getBody().length;
58                this.timer.stop();
59                this.delay = this.INITIAL_DELAY - length * 10;
60                this.timer = new egret.Timer(this.delay);
61                this.timer.addEventListener(egret.TimerEvent.TIMER, this.onTimer, this);
62                this.timer.start();
63            } else if(notification.getName() === Snake.DEAD_EVENT) {
64                this.timer.stop();
65            }
66        }
67
68        public onRegister(): void {
69
70        }
```

```
71
72          public onRemove(): void {
73
74          }
75
76          public sendNotification(name: string, body?: any, type?: string): void {
77              puremvc.Facade.getInstance().sendNotification(name, body, type);
78          }
79      }
```

第 1 行，Driver 类实现了 puremvc.IMediator 接口，是因为它有消息需要处理。

第 2～5 行，构造函数的第一个参数表示传递进来的相关联的蛇。

第 7 行，snake 表示关联的蛇。

第 9 行，timer 表示一个计时器，蛇的移动是由这个计时器驱动的。

第 11 行，INITIAL_DELAY 表示初始的计时器延迟。

第 13 行，delay 表示当前实际的延迟。每当蛇身变长，这个值就会缩短，这样蛇的移动速度会更快。

第 15～20 行，start 方法用来开始驱动蛇前进。

第 22～28 行，onTimer 方法是计时器的事件回调方法，在里面，将蛇移动一步，如果蛇头与苹果发生了碰撞，则让蛇变长一节，然后在游戏场景中再重新摆放苹果。

第 30～34 行，hitOnApple 方法用来判断蛇头是否和苹果发生碰撞。

39 行之后的代码是对 puremvc.IMediator 接口方法的实现。

第 51～53 行，表明 Driver 对蛇的成长事件和死亡事件感兴趣。

第 55～66 行，在处理蛇的成长事件中，将计时器的延迟缩短，这样蛇的移动速度会更快，然后重新开始计时器。在蛇的死亡事件中，将计时器停止，这样蛇就不移动了，游戏也就结束了。

9.2.6　Direction 方向类

Direction 以及它的子类是用来控制蛇头移动方向的。以下是它的代码：

```
1      abstract class Direction {
2      public constructor() {
3      }
4
5      protected snake: Snake;
6
7      public onSet(snake: Snake) {
8          this.snake = snake;
9      }
10
11         public moveHead() {
12             let currentCoodinate = this.snake.getHead().coordinate;
13             let nextCoodinate = this.nextCoordinate(currentCoodinate);
14             this.snake.getHead().setCoordinate(nextCoodinate);
```

```
15          let position = this.snake.gameScene.getPositionByCoordinate(nextCoodinate.x,
16            nextCoodinate.y);
17          if(position == null) {
18              this.snake.sendNotification(Snake.DEAD_EVENT);
19              return;
20          }
21          this.snake.getHead().x = position.x;
22          this.snake.getHead().y = position.y;
23      }
24
25      protected abstract nextCoordinate(currentCoodinate: egret.Point): egret.Point;
26  }
```

第 5 行，snake 是与其关联的蛇。

第 11～23 行，moveHead 方法是用来将蛇头按当前方向移动一格。在这个方法里，先计算出下一个格子坐标，然后根据这个坐标计算出实际坐标，如果这个实际坐标不存在（为 null），说明蛇头移出到场景的边界之外了，这时蛇就死了，并且发出死亡消息。如果这个实际坐标存在，则将蛇头的实际坐标设置为这个坐标。

第 25 行，nextCoordinate 方法是一个抽象方法，是用来根据当前格子坐标计算出下一个格子坐标的。所有的子类都需要实现这个方法，从而指定方向的算法。

这里拿子类 Up 来举例，该类的作用是让蛇头朝上方移动，以下是它的代码：

```
1   class Up extends Direction {
2   public constructor() {
3       super();
4   }
5
6   protected nextCoordinate(currentCoodinate: egret.Point): egret.Point {
7       let nextCoodinate = new egret.Point(currentCoodinate.x, currentCoodinate.y - 1);
8       this.snake.getHead().toUp();
9       return nextCoodinate;
10      }
11  }
```

第 6～10 行，实现基类的 nextCoordinate 方法，就是把当前格子坐标的 y 坐标减 1，从而实现向上移动的。第 8 行，调用 SnakeHead 的 toUp()方法，让蛇头图片的方向朝上。

Direction 的其他子类 Left、Right 以及 Down 的实现方式与此类似。

9.3 本章小结

本章向读者介绍了一个 sparrow-egret 的应用实战项目——贪吃蛇。希望通过对该项目的讲解，使读者能够掌握 sparrow-egret 单机游戏的实现方法。

从下一章开始，将介绍一个联机的实战项目——国际象棋，这个项目里使用了后台框架 nest-core。

第 10 章　综合实战项目——国际象棋

在前面的章节里，笔者已经向读者讲解了 sparrow-egret、JCommon 以及 nest-core 的使用方法，接下来就通过一个游戏开发实战项目——国际象棋，来讲解一下如何具体使用这些框架。

在讲解这个项目之前，先讲解一下能够自动生成前端的 RequestCommand、ResponseProxy、PushProxy 以及后台的 Request、Response、Push，还有与 Protobuf 编解码功能相关的辅助工具——TreeBranch，这个工具也是由笔者开发的。

 10.1　前端与后台的辅助工具——TreeBranch

笔者在之前向读者承诺过，开发者可以使用一个辅助工具来自动生成和协议有关的代码的工具，这个工具就是 TreeBranch。TreeBranch 的下载地址可以在本书的附录中找到。

TreeBranch 是用 Python 开发的。之所以选择 Python 作为辅助工具的开发语言，是因为 Python 可以作为系统的脚本来使用，使用起来非常方便。

如果开发者想使用 Protobuf 的功能，还需要下载 TypeScript 的 protobufjs 库以及命令行程序和 Java 的 Protobuf 命令行程序。

在随书附带的资源里，已经包含了 protobufjs 库和命令行程序，以及 Java 的 Protobuf 命令行程序，路径分别是"程序演示项目/前端/3rdParty/protobufjs""随书附带的开发软件/npm.zip"和"随书附带的开发软件/protobuf3.3.rar"。

10.1.1　安装 protobuf 命令行程序和库

首先安装 protobuf for TypeScript 项目的命令行程序和库。

在前面的示例项目里，已经在客户端的 egretProperties.json 添加了 protobufjs 的库，目前唯一缺少的是 protobufjs 的命令行程序。可以通过 Nodejs（Nodejs 也放在了随书附带的资源里）命令来下载 protobufjs 的命令行程序。选择一个安放 node_modules 文件夹的目录，然后在该目录下执行以下命令：

```
npm install protobufjs
```

比如把 node_modules 文件夹放在 E:/SDK/npm 目录里，那么就可以在这个目录里执行上面的 npm 命令。

接下来通过这个命令来安装 uglifyjs，这个是生成压缩 js 文件的库：

```
npm install uglifyjs
```

读者安装这两个库的过程可能非常漫长，而且也可能中途出错，所以在本书附带的资源里，包含了这两个库的压缩包——npm.zip，解压之后就可以立即使用。

然后在 E:\SDK\npm\node_modules\.bin 里会找到三个系统命令脚本：pbjs.cmd、pbts.cmd 以及 uglifyjs.cmd。

将路径 E:\SDK\npm\node_modules\.bin 添加到环境变量里的 Path 路径。

接下来讲解一下 protobuf for Java 项目命令行程序与库的安装。将随书附带的 protobuf3.3.rar 文件解压到一个文件夹内。读者也可以把它解压到了 E:\SDK\ProtoBuf 目录里。然后将路径 E:\SDK\ProtoBuf\protobuf3.3 添加到环境变量里的 Path 路径，里面的 protoc.exe 就是将 proto 文件编译成 Java 类文件的命令行程序。

对于后台的项目，需要在 build.gradle 构建脚本里添加 protobuf 库的依赖：

```
compile group: 'com.google.protobuf', name: 'protobuf-java', version: '3.5.1'
compile group: 'com.google.protobuf', name: 'protobuf-java-util', version: '3.5.1'
```

对于笔者开发的框架和实战项目，前端和后台都加入了对 protobuf 的依赖。

10.1.2 编写协议配置文件

读者已经知道，在笔者开发的框架里，协议分三种：请求、响应以及推送。所以协议的配置文件也分三种。

首先看一下国际象棋项目里的三个协议文件：client.movePiece-2011.json、server.respondPieceMove-2012.json 以及 server.pushMovingPieceResult-2013.json，它们分别代表移动一个棋子的请求、响应以及推送。相关协议配置的 git 地址可以在本书的附录中找到。项目名称是 ProtocolJsonConfig。

这三个文件的内容参见二维码 10-1：

读者可以看出来，这三个文件都是普通的 json 文件。

在每个类型的 json 文件里，都有一个 protocolId 字段，这个字段是为 protobuf 功能准备的。它表示协议的编号，这个编号不要重复。笔者是这样制定编号规则的：

二维码 10-1

- 该编号有四位到五位，右数第一位是协议的类型，1 是请求，2 是响应，3～9 是对应的推送。
- 右数第二、三位组成的数字，表示功能的编号。比如在这个移动棋子的功能里，请求、响应以及推送的这个功能的编号都是一样的——都是 01。
- 右数第四、五位组成的数字，表示模块的编号。比如在这个国际象棋的模块里，所有功能协议的这个编号都是 2。

requestName、responseName 以及 pushName 三个字段分别代表请求类的类名前缀、响应类的类名前缀以及推送类的类名前缀。

对于前端项目，生成的类文件就是 MovingPieceRequestCommand.ts、MovingPieceResponseProxy.ts 以及 MovingPieceResultPushProxy.ts。

对于后台项目，生成的类文件就是 MovingPieceRequest.java、MovingPieceResponse.java 以及 MovingPieceResultPush.java。

对于请求协议，额外有个 actionClassName 字段，这个字段指明了动作类的类名称。如果该动作类的构造函数有参数，在生成请求类之后，还要手动修改这个类文件，从而给动作的构造函数添加参数。

在每个类型的 json 文件里，都有一个 protocol 字段，它表示协议的内容。

对于请求协议，protocol.request 表示请求协议的名称；protocol.requestTimestamp 是请求的时间戳，读者可以忽略这个字段。在前后端的实现里是有这个字段的，但是框架已经对它进行自动处理，所以读者可以忽略它。这个字段是响应返回之后执行一个回调的实现机制；protocol.body 是消息体，它里面包含了请求携带的有用的数据。目前这个示例里，消息体里面的两个字段分别表示被移动的棋子的起始坐标和落子坐标。

对于响应协议，protocol.response 表示响应协议的名称；protocol.requestTimestamp 是请求的时间戳，读者可以忽略这个字段。protocol.isSuccess 表示请求是否成功，读者可以忽略这个字段；protocol.cause 表示请求失败的原因，这个字段读者也要忽略。以上两个字段都是要在后台程序里设置的，TreeBranch 代码自动生成程序会忽略这些字段。protocol.body 是消息体，它里面包含了响应携带的有用的数据。目前这个例子里，protocol.body 是空的。

对于推送协议，protocol.push 表示推送协议的名称；protocol.body 是消息体，它里面包含了推送携带的有用的数据。目前这个示例里，消息体里面的两个字段分别表示被移动的棋子的起始坐标和落子坐标。

对于目前的 TreeBranch 代码自动生成程序来说，消息体 protocol.body 里字段的类型只支持两种：字符串和字符串数组。对于单一的数据使用字符串，可以在前后端形成这样的约定，从而避免误会（比如说前端发送一个字符串"2"，后台很可能会把它当成数字处理）。对于以后的项目，字符串和字符串数组类型的限制很可能是不能达到要求的，就是说很可能需要对象的数组，而不仅仅是字符串的数组，这也许在以后框架的升级中会去实现。

读者也许会发现，这些协议的文件在命名方式上有一定的规律：<协议名称>-<协议的 id 号>.json，读者也可以采用这种命名方式。

除了这三种文件之外，TreeBranch 还需要第四类配置文件——GlobalSetting.config，它表示协议生成的全局配置文件。以下是国际象棋项目里协议的全局配置文件的内容：

GlobalSetting.config：

```
1  {
2      "nestProjectDirectory": "E:/Projects/IDEAWorkspace/nest/nest-games-chess",
3      "sparrow-egretProjectDirectory": "E:/Projects/EgretWorkspace/sparrow-egret/sparrow-egret-games-chess",
4      "protoFilesOutputDirectory": "E:/Projects/ProtobufFiles/games/chess",
5      "javaPackage": "site.aarontree.frameworks.nest.games.chess",
6      "tsNamespace": "sparrow.games.chess"
7  }
```

这仍旧是一个普通的 json 文件。

接下来解释一下里面的各个字段：

● nestProjectDirectory：指明使用 nest-core 框架的项目的路径，所有的协议类都会在这个路径里生成。

- sparrow-egretProjectDirectory：指明使用 sparrow-egret 框架的项目的路径，所有的协议类都会在这个路径里生成。
- protoFilesOutputDirectory：指明 proto 文件的生成路径。
- javaPackage：指明后台项目的根包。
- tsNamespace：指明前端项目的模块名（也可以叫命名空间）。

这四类文件必须放在同一个文件夹内，而且 GlobalSetting.config 的文件名不能更改，因为 TreeBranch 会自动去寻找这个文件。其他三个类型的文件的扩展名必须是 json。

注意：这些文件必须是 utf-8 编码的，否则会在运行时报错。

10.1.3　在 Python 执行环境下安装 TreeBranch

在编写并运行代码自动生成脚本之前，需要先安装 Python 执行环境和 TreeBranch。

安装完 Python 执行环境之后需要安装 setuptools，这是一个 Python 项目打包安装库。执行下面的命令来安装 setuptools：

```
pip install setuptools
```

然后需要安装 Beautiful Soup，这是一个 TreeBranch 依赖的第三方库。执行以下命令就开始安装 Beautiful Soup 了：

```
pip install beautifulsoup4
```

接下来开始安装 TreeBranch。TreeBranch 的 Git 仓库地址是：

https://gitee.com/aaron_frank_tree/TreeBranch.git

最新版本是 0.1.0，请读者使用这个版本。

然后打开一个命令行窗口，路径切换到 TreeBranch 项目里的文件夹，然后执行下面的命令：

```
setup.py install
```

这样 TreeBranch 就安装完毕了。

读者可以通过 PyCharm 来打开 TreeBranch 项目，从而查看里面的代码。随书附带的资源里有一个可以免费使用的社区版的 PyCharm 安装程序——pycharm-community-2019.2.3.exe。

10.1.4　用 TreeBranch 编写前端和后台项目的代码自动生成脚本

安装了 protobuf 的库和命令行程序，并且编写完了之前所述的协议配置文件，而且安装了 Python 执行环境以及 TreeBranch，开发者就可以编写 TreeBranch 的代码自动生成脚本程序了。

（1）编写前端的执行脚本

首先介绍一下前端代码自动生成脚本的写法。以下是 sparrow-egret-games-chess 项目里代码自动生成的脚本文件——protocol_generation_command.py，该项目就是当前实战项目要引用的模块，该脚本文件参见二维码 10-2：

二维码 10-2

接下来对这段脚本进行解释：

第 1～2 行，导入 SparrowEgretOutputFactory 类，它是前端的代码工厂。

第 3～4 行，导入 ProtobufOutputFactory 类，它是与 protobufjs 有关的代码的工厂。

第 5 行，导入 TreeBranch 里的一个工具模块，并命名为 tb_utils。这个模块里包含很多工具函数。

第 8 行，创建一个 SparrowEgretOutputFactory 类的实例——outputFactory。

第 9 行，将 outputFactory 的 ifCover 字段设置为 True。这个字段是用来表明，如果生成的文件已经存在，会提示是否覆盖掉已有的文件。True 值就表示覆盖掉，False 值就表示不要覆盖。

第 10 行，调用 outputFactory 的 generate 方法，该方法会根据协议配置去生成协议类文件，它的参数就是协议配置文件所在的文件夹。

第 12 行，创建一个 ProtobufOutputFactory 类的实例，仍然让 outputFactory 来引用这个实例。

第 13 行，指定执行覆盖已有文件。

第 14 行，调用 generate 方法，该方法会根据协议配置去生成与 proto 文件，它的参数就是协议配置文件所在的文件夹。

第 16 行，调用工具模块里的 generateProtobufjsCompiledFiles 函数，这个函数把之前生成的 proto 文件，通过 protobufjs 的命令行工具生成 js、min.js 和 ts 文件，然后又经过 egret 编译成第三方库。第一个参数是协议配置文件的目录，第二个参数是第三方库所在的目录。这里需要注意的是，第二个参数所指定的第三方库所在的目录是必须存在的，而且要具备第三方库的基本文件结构。通过 2.2.5 节介绍的创建第三方库的方法，就可以创建这种基本文件结构，但是还差三个文件夹：bin、src 以及 typings，这三个文件夹是需要开发者自己手动创建的。所以第三方库应该具有如下的文件结构，如图 10-1 所示：

图 10-1　编译 proto 文件之后的 js 和 ts 文件所在的第三方库的基本文件结构

同时 package.json 和 tsconfig.json 也要做出类似的修改，参见二维码 10-3：

这两个文件是国际象棋前端模块项目 sparrow-egret-games-chess 里的 proto 文件经过 protobufjs 编译之后的 js 和 ts 文件所在的 egret 第三方库里的两个编译相关的文件，读者根据里面的内容进行修改就可以了。

二维码 10-3

这个第三方库需要导入项目里，否则会在运行时出错。

所有的解释都已完毕，接下来就可以执行这个脚本了。通过如下命令行来执行该脚本：

protocol_generation_command.py

读者可以在 Wing 的控制台里执行这个脚本，也可以在命令行窗口中执行这个脚本。
当脚本执行完毕，项目里会自动生成 5 个文件夹，如图 10-2 所示：

图 10-2　脚本执行结束之后自动生成的文件夹

首先看看 request_commands 文件夹里新生成的一个文件——MovingPieceRequestCommand.ts，
参见二维码 10-4：

与 5.2.4 节介绍的 RequestCommand 子类的写法很类似，这种就属于样
板代码，完全可以自动生成，快速而且准确。

接下来看一下 protocol_id_and_encoder_pairs 文件夹里的生成的
MovingPieceRequest-ProtocolIdAndEncoderPair.ts 文件，参见二维码 10-5：

二维码 10-4

该文件会和 protobufjs 命令行程序生成的 js 文件，以及实现编码
protobuf 数据功能的 WebSocketWithProtoBufProxyServer 配合使用，这些细
节不用开发者关注。这个文件也属于样板代码。

读者也许看出来了，src 文件夹内有两个文件夹——main 和 test，这也
是笔者习惯的文件结构，而且自动生成的文件夹会放在 main 文件夹内。

二维码 10-5

（2）编写后台的执行脚本

以下是 nest-games-chess 国际象棋后台模块项目里的代码自动生成脚
本文件 protocol_generation_command.py 里的内容，参见二维码 10-6：

第 1～2 行，导入 NestOutputFactory 类，它是后台代码生成的工厂类。

第 3～4 行，导入 ProtobufOutputFactory 类，它是自动生成 proto 文件
的工厂类。

二维码 10-6

第 5 行，导入 TreeBranch 里的一个工具模块，并命名为 tb_utils。

第 7 行，创建一个 NestOutputFactory 类的实例，并用 outputFactory 来引用这个实例。

第 8 行，将工厂设置为覆盖已有文件模式。

第 9 行，调用工厂的 generate 方法，该方法会根据协议配置去生成 Java 协议类文件，它的参数就是协议配置文件所在的文件夹。

第 11 行，创建一个 ProtobufOutputFactory 类的实例，并用 outputFactory 来引用这个实例。

第 12 行，将工厂设置为覆盖已有文件模式。

第 13 行，调用工厂的 generate 方法，该方法会根据协议配置去生成与 proto 文件，它的参数就是协议配置文件所在的文件夹。

第 15 行，调用工具模块里的 generateProtobufJavaCompiledFiles 函数，该方法会根据之前生成的 proto 文件，生成对应的 Java 类文件。该函数的第一个参数是 proto 文件所在的文件夹，第二个参数是后台项目的路径。

当脚本执行完毕，项目里会自动生成 6 个包，如图 10-3 所示：

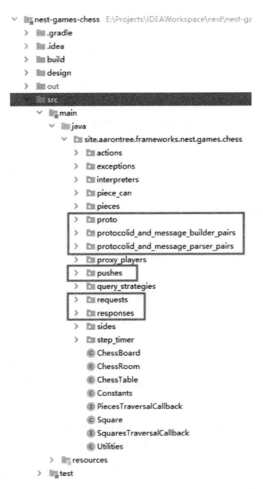

图 10-3　脚本执行完毕之后生成的新包

其中 proto 包里是 protobuf 命令行工具根据 proto 文件生成的 Java 类文件。

接下来看一下 requests 包里自动生成的 MovingPieceRequest.java 文件，参见二维码 10-7：

二维码 10-7

可以看出，自动生成的请求类文件和 7.2.6 节介绍的 Request 子类文件的写法比较类似，所以这也是一种样板代码。

要注意的是，在 MovingPieceRequest 类的 $createAction 方法里，要手动给 MovingPieceAction 的构造函数添加参数，否则项目会报语法错误。

接下来看一下 protocolid_and_message_parser_pairs 包里自动生成的 MovingPieceRequest-ProtocolIdAndMessageParserPair.java 类文件，参见二维码 10-8：

二维码 10-8

该类文件会和 protobuf 命令行程序生成的 Java 类文件，以及实现解码 protobuf 数据功能的 ChannelHandler 配合使用，这些细节不用开发者关注。这个文件也属于样板代码。

10.1.5　小结

也许读者会注意到笔者开发的这些框架的名称——sparrow 表示麻雀；nest 表示鸟巢，是麻雀居住的地方；TreeBranch 表示树枝，是用来支撑鸟巢的。这就是比喻，用比喻去解释和理解程序，这符合麦克康奈尔的观点。

读者也许会发现 TreeBranch 的使用有些麻烦，笔者也体会到这一点了。改进这几个框架，让它们更容易使用，也许就是笔者完成本书之后的工作。

  sparrow-egret-games-chess 项目详解

sparrow-egret-games-chess 是国际象棋项目的前端模块，最终项目要引用这个模块。之所以没有把它做成最终项目，是为了可以在其他项目里对其进行复用，也就是说为了提高它的可复用性。sparrow-egret-games-chess 的 git 地址可以在本书的附录中找到。

以下是它的主要组成部分：

- SquareComponent：它表示棋盘里的一个格子组件，一个国际象棋棋盘里有 64 个这样的格子组件。可以在棋盘皮肤里摆放这些格子组件的，而不是通过手写代码的方式。
- PieceComponent：它表示棋子组件。它是所有棋子组件的基类。
- ChessBoardViewComponent：它表示棋盘组件，它可以发送请求，也可以处理响应和推送。
- ChessBoardState：它表示棋盘的状态，目前有两个状态：有棋子被选择的状态和没有棋子被选择的状态，这两种状态对格子单击事件的处理方式不一样。
- 通知处理器：这些通知处理器注册给 ChessBoardViewComponent，从而对服务器的响应和推送进行处理。

接下来就讲解一下各个主要组成部分的设计。

10.2.1　SquareComponent 棋盘格组件

SquareComponent 表示棋盘里的一个方格。它继承于 sparrow.core.Component 类，该类是 ViewComponent 的基类，而且它里面没有 mediator，所以它不能向后台发送请求。

首先看一下 SquareComponent 的皮肤文件——SquareComponentSkin.exml。

以下是该皮肤的外观，如图 10-4 所示：

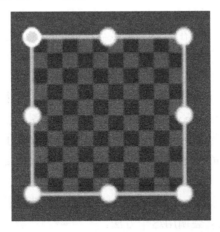

图 10-4　SquareComponentSkin.exml 的外观

外观看起来什么也没有，接下来看一下它的层级面板里的内容，如图 10-5 所示：

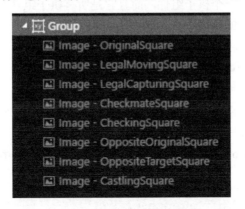

图 10-5　SquareComponentSkin.exml 的层级面板

可以看到，它里面的所有 eui.Image 组件都设置为不可见的，这是因为 SquareComponent 要根据当前的状态来选择性地显示里面的 eui.Image 组件。比如 id 为 OriginalSquare 的 eui.Image 组件，在一个格子里的棋子被选中的时候，该格子就会显示这个组件，它是一个黄色的方格。再比如 id 为 LeaglMovingSquare 的 eui.Image 组件，当一个格子里的棋子被选中的时候，该棋子所有合法的落子点的格子中都会显示这个组件，该组件是一个蓝色的方格。

接下来看一下 SquareComponent.ts 文件，参见二维码 10-9：

接下来讲解这个类。

二维码 10-9

第 3 行，$coordinate 成员变量是格子的坐标，它是一个字符串类型。

第 9~23 行，显示格子状态的各个 eui.Image 组件，它们在随后的代码里进行了绑定。

第 25~27 行，在构造函数里调用了基类 Component 的构造函数，它的参数是皮肤的名称。

第 33~37 行，覆盖了基类的$onSetup 方法。正如之前所说，一般是在这个方法里绑定组件，并给组件添加事件响应。第 35 行，将自身的坐标$coordinate 属性设置为自身的 name 属性。在这里，name 属性表示的就是格子的坐标，而且 name 属性可以在皮肤编辑器里指定，这样设置坐标就非常方便。而且在随后讲解棋盘皮肤的时候，读者会知道，格子的坐标就是通过 name 属性设置的。第 36 行，调用 setupSquareImages 方法，该方法将表明状态的 eui.Image 组件进行绑定。

第 66~68 行，putOn 方法用来把一个棋子组件放到当前的格子里。

第 70~73 行，getPieceComponent 方法用来获取当前格子上的棋子组件。

第 75~98 行，是通过显示 eui.Image 子组件来表明当前格子状态的方法。

第 100~107 行，cleanOwnSideStates 方法通过隐藏所有 eui.Image 子组件来清除所有的状态。

第 109~113 行，exchangePieceComponentFor 方法是将当前格子里的棋子组件替换成另一个棋子组件。当吃子的时候就会调用这个方法。

10.2.2　PieceComponent 棋子组件

PieceComponent 表示一个棋子组件，而且它是所有棋子组件的基类。以下是 PieceComponent.ts 的代码，参见二维码 10-10：

第 5 行，$pieceColor 存储的是当前棋子的颜色。

第 17~20 行，moveTo 方法的功能是当前棋子移动到一个格子组件的时候，播放的一个缓动动画。

二维码 10-10

这里举一个它的子类的例子——BlackKingPieceComponent，它是黑王棋子组件，参见二维码 10-11：

如代码所示，PieceComponent 的子类只需要给基类的构造函数提供皮肤名称和棋子的颜色。

二维码 10-11

10.2.3　ChessBoardViewComponent 棋盘组件

ChessBoardViewComponent 是棋盘组件，它是由上一节介绍的格子组件 SquareComponent 组成的。因为对战有黑白二方，而且双方视角的棋盘结构也不一样（比如格子的坐标不一样），所以会有两种皮肤，因此 ChessBoardViewComponent 会有两个子类——ChessBoardView-ComponentForWhitePlayer 和 ChessBoardViewComponentForBlackPlayer，前者是白方视角的棋盘组件，后者是黑方视角的棋盘组件，二者的皮肤是不一样的。

首先看一下 ChessBoardViewComponentForWhitePlayer 的皮肤—— ChessBoardView-ComponentForWhitePlayerSkin.exml。

以下是 ChessBoardViewComponentForWhitePlayerSkin.exml 皮肤的外观，如图 10-6 所示：

图 10-6　棋盘皮肤外观

接下来看一下它的层级面板，如图 10-7 所示：

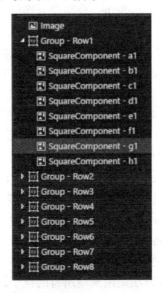

图 10-7　棋盘皮肤的层级面板

第一个 eui.Image 组件就是皮肤的背景。

随后是 8 个 eui.Group 组件，每个 eui.Group 组件里有 8 个 SquareComponent 组件，这样就有 64 个 SquareComponent 格子组件，而且每个格子组件的坐标是通过组件的 name 属性来指定的。

注意： 不要在皮肤编辑器里给 Component 以及 ViewComponent 的子类指定皮肤，否则自身的$onSetup 方法不会被调用。比如在这个皮肤里，每个 SquareComponent 就不能给指定皮肤，虽然知道它的皮肤是哪个。每个组件的皮肤是通过皮肤编辑器里的这个输入框指定的，如图 10-8 所示：

图 10-8　指定皮肤的输入框

所以在这个皮肤里，所有的 SquareComponent 的这个输入框都要为空。

读者可以自行看一下黑方视角的棋盘组件的皮肤——ChessBoardViewComponent-ForBlackPlayerSkin.exml。读者可以发现，它和白方视角的棋盘组件皮肤的外观一样，但是格子坐标的布局是不一样的。

接下来看一下棋盘组件的基类——ChessBoardViewComponent。

以下是 ChessBoardViewComponent 类的代码，参见二维码 10-12：

第 2～3 行，该类继承于 ViewComponent，因为棋盘组件即需要发送请求，也要对响应和推送进行处理。

第 4 行，ChessBoardState 类表示棋盘组件的状态，它有两个子类——ChessBoardNoPiece-ChosenState 和 ChessBoardPieceChosenState，分别表示当前无棋子被选中状态以及当前有棋子被选中状态。

第 14 行，$pieceColorUnderControl 表示当前玩家可以控制的棋子的颜色。

第 20～21 行，$touchingDownExchangeDialog 是兵达阵兑换对话框，当有兵达阵的时候就会弹出这个对话框。

第 32～36 行，是类的构造函数，该函数需要 mediator 的名称、皮肤名称以及棋子的颜色。

第 38～41 行，覆盖$onSetup 方法。在这个方法里，首先调用 addEventListenerToSquare-Components 方法来给每个格子组件添加事件回调，然后调用 putOnPieces 方法来摆放棋子。

第 43～56 行，addEventListenerToSquareComponents 方法用来给每个格子组件添加触摸事件回调。在这个方法里，用 for 循环去遍历每一个格子组件。

第 58～69 行，cleanAllSquaresStates 方法是用来清除所有格子组件的状态的。在 10.2.1 节讲过，格子组件 SquareComponent 是有状态的。比如当一个棋子走完一步，就需要清除所有格子组件的状态，以符合显示逻辑。

第 71～116 行，putOnPieces 方法是用来将所有的棋子组件摆放到初始位置的。

第 118～134 行，覆盖父类的$addNotificationHandlers 方法，从而添加自身的通知处理器。第 121 行，QueryingLegalMovesResponseNotificationHandler 是用来处理合法移动响应的处理器。第 123 行，MovingPiecePushNotificationHandler 是用来处理棋子移动推送的处理器。第 125 行，CastlingPushNotificationHandler 是用来处理王车易位推送的处理器。第 127 行，TouchingDownEventPushNotificationHandler 是用来处理兵达阵事件推送的处理器。第 129 行，TouchingDownExchangeResultPushNotificationHandler 是用来处理兵达阵兑换结果的处理器。第 131 行，ExchangingPawnTouchingDownForResponseNotificationHandler 是用来处理兵达阵兑换结果响应的处理器。第 133 行，CheckmatePushNotificationHandler 是用来处理将死推送的处理器。

第 136～139 行，getSquareComponent 方法根据坐标值来获得格子组件。

第 141～144 行，onSquareComponentTouch 方法是每个格子组件的触摸事件回调方法。

第 146～157 行，当发生兵达阵兑换棋子的时候，就会调用 exchangePawnTouchingDownFor 方法。

第 159～177 行，findSquareComponentWherePawnTouchesDown 方法是用来寻找兵达阵的格子组件，当发生达阵兑换棋子事件的时候就会使用该方法。

ChessBoardViewComponent 类还有两个子类——ChessBoardViewComponentForWhitePlayer 和 ChessBoardViewComponentForBlackPlayer，这两个子类是非常简单的，只需要给父类的构造函数指定 mediator 名称、皮肤名称以及所控制的棋子的颜色就可以了。

10.2.4　ChessBoardState 棋盘状态

ChessBoardState 类表示棋盘的状态。棋盘有两种状态：没有棋子被选中状态和有棋子被选中状态。为什么要区分这两种状态呢？是因为不同的状态，格子组件的触摸事件的回调方式不一样。比如在没有棋子被选中的状态下，当玩家下次单击格子的时候，应该是去选择一个被自己控制的棋子；在有棋子被选中的状态下，当玩家单击格子的时候，应该是让这个被选择的棋子移动到单击的格子里，或者是吃掉对方的一个棋子。在上一节里，代码片段的第 143 行就是对这个状态的使用。

接下来看看基类 ChessBoardState 的代码，参见二维码 10-13：

这是一个抽象类，需要子类实现 onSquareComponentTouch 方法。而且构造函数里需要指定棋盘组件。

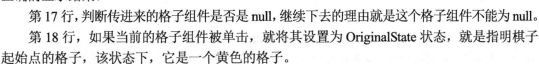

以下是该类的一个子类 ChessBoardNoPieceChosenState 的代码，参见二维码 10-14：

该类表示的是在没有棋子被选择情况下的状态。

第 14～32 行，实现了基类的 onSquareComponentTouch 方法，参数是发生触摸事件的格子组件。

第 16 行，将棋盘组件上的所有格子组件的状态全部清除，这样才能有正确的显示结果。

第 17 行，判断传进来的格子组件是否是 null，继续下去的理由就是这个格子组件不能为 null。

第 18 行，如果当前的格子组件被单击，就将其设置为 OriginalState 状态，就是指明棋子起始点的格子，该状态下，它是一个黄色的格子。

第 19 行，获取格子上的棋子。

第 20 行，代码继续的前提是格子上有棋子。

第 21 行，暂存格子组件。

第 22～23 行，判断棋子组件的颜色和状态所在的棋盘组件能控制的棋子颜色是否一致，如果一致就说明是当前玩家能控制的棋子。

第 24～28 行，如果是当前玩家能控制的棋子，就发送查询当前棋子可以移动到的格子的坐标集合的请求，请求的参数是棋子所在的坐标。

接下来看一下有棋子被选中的状态——ChessBoardPieceChosenState，参见二维码 10-15：

第 10 行，squareComponentPieceChosenStandsOn 成员是保存当前被选择的棋子所在的格子组件。

第 16～38 行，实现了基类的 onSquareComponentTouch 方法。

第 17 行，将棋盘组件上的所有格子组件的状态都清除。

第 18～20 行，如果被单击的格子上没有棋子，或者被单击的格子上的棋子不是当前玩家能控制的，则说明当前被选择的棋子需要移动到被选择的格子，可能是单纯的移动，或者是吃掉对方的一个棋子。

第 21～26 行，发送一个移动棋子的请求，参数是棋子的起始坐标和目标坐标。棋子产生的行动就这一种请求，无论是移动，还是吃子，还是王车易位，只要发送这一个请求，后台会自动判断出行动的类型。

第 27～28 行，是格子被单击另外一种情况，就是被单击的格子上的棋子是当前玩家能控制的棋子的情况。这种情况说明玩家点选了另外一个自己能控制的棋子，这时需要发送查询合法移动坐标集合的请求。

第 29 行，将被单击的格子变成 OriginalState 状态，以表示选中一个棋子。

第 30～31 行，将被单击的格子组件暂存到当前类的成员变量 squareComponentPieceChosenStandsOn 里，以便在第一个 if 语句里进行使用。

第 32～36 行，发送查询合法移动坐标集合的请求。

10.2.5　通知处理器

ChessBoardViewComponent 注册了几个通知处理器，从而对服务器返回的响应和推送进行处理。接下来就对这些通知处理器进行讲解。

（1）QueryingLegalMovesResponseNotificationHandler 查询合法走法的响应处理器

QueryingLegalMovesResponseNotificationHandler 是对查询合法移动请求的响应的通知处理器，以下是它的代码，参见二维码 10-16：

第 8～88 行，实现基类的 $handle 方法。

第 9 行，将提示对话框的标题暂存到 alertTitle，以便后面使用。

第 10～11 行，获取参数 mediator 携带的 ViewComponent，它具体的类型是 ChessBoard-ViewComponent。

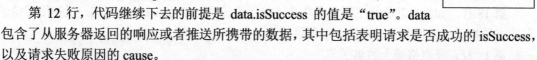

二维码 10-16

第 12 行，代码继续下去的前提是 data.isSuccess 的值是"true"。data 包含了从服务器返回的响应或者推送所携带的数据，其中包括表明请求是否成功的 isSuccess，以及请求失败原因的 cause。

第 13～20 行，处理在响应返回的数据里有 squareOpponentKingStandsOn 的情况。该数据表明对方的王被将军了，而且它的值是对方王所在格子的坐标值。如果这个值不为空，会将该格子转变为 CheckingState 将军状态，该状态下，格子是红色的。

第 21 行～31 行，处理在响应返回的数据里有 emptySquaresCouldBeOccupied 的情况。这个值是一个字符串的数组，里面的字符串元素表示的是被选中的棋子可以移动到的格子的坐标。如果这个值不为空，会将这些坐标的格子转变为 LegalMovingState 可移动到的状态，该状态下，格子是蓝色的。

第 32 行～42 行，处理在响应返回的数据里有 squaresOccupiedByOpponentPieces 的情况。

这个值也是一个字符串的数组，里面的字符串元素表示的是被选中的棋子可以吃掉的对方棋子所在格子的坐标。如果这个值不为空，会将这些坐标的格子转变为 LegalCapturingState 可吃子的状态，该状态下，格子是红色的。

第 43～52 行，处理在响应返回的数据里有 squaresCastled 的情况。这个值也是一个字符串的数组，里面的字符串元素表示的是被选中的棋子可以执行长易位或短易位的目标格子坐标。如果这个值不为空，会将这些坐标的格子转变为 CastlingState 状态，该状态下，格子是紫色的。

第 53～59 行，如果棋盘的状态是无棋子被选择的状态，则将这个状态改变为有棋子被选择的状态。

第 60～87 行，是对几种合法走法查询失败的处理，并且让 $handle 回调方法传递进来的参数 mediator 来发出消息，在本模块里，虽然并没有对象去接收这些消息，但是可以在引用该模块的最终项目里来接收这些消息，从而增加灵活性。

（2）MovingPiecePushNotificationHandler 移动棋子的推送处理器

MovingPiecePushNotificationHandler 是对棋子移动推送消息进行处理的通知处理器。

以下是这个类的代码，参见二维码 10-17：

代码意图：

二维码 10-17

对于棋子移动的推送，客户端需要把棋子移动到落子点，如果该落子点有棋子，就需要把该棋子移除。

代码解析：

第 11～12 行，分别获取被移动棋子的起始坐标和终点坐标。

第 15～17 行，获取被移动的棋子组件。

第 18～20 行，获取被移动棋子的终点坐标的格子组件。

第 21 行，将被移动的棋子组件移动到终点格子组件内，这是一个缓动动画。

第 22～26 行，获取终点格子上的棋子组件，如果该组件不为 null，说明这是一个吃子的过程，而且需要将这个对方的棋子组件从棋盘里删除。

第 27～28 行，将棋盘的状态改变为无棋子被选择的状态。

（3）CastlingPushNotificationHandler 王车易位的推送处理器

CastlingPushNotificationHandler 是对易位推送进行处理的通知处理器。

以下是它的代码，参见二维码 10-18：

代码意图：

二维码 10-18

对于王车易位推送的处理，客户端需要根据易位的类型来移动王和车。

代码解析：

第 11 行，获取易位的类型。

第 13～28 行，处理白王长易位的情况。

第 29～43 行，处理白王短易位的情况。

第 44～59 行，处理黑王长易位的情况。

第 60～75 行，处理黑王短易位的情况。

（4）TouchingDownEventPushNotificationHandler 达阵事件的推送处理器

当一方的一个兵抵达到对方的底线，就发生了达阵事件。TouchingDownEventPush-

NotificationHandler 就是对达阵事件推送进行处理的通知处理器。

以下是它的代码,参见二维码10-19:

第11~28行,根据当前玩家控制的棋子的颜色,显示对应的达阵兑换棋子对话框。棋子颜色不一样,对话框就不一样。

二维码10-19

（5）TouchingDownExchangeResultPushNotificationHandler 达阵兑换的推送处理器

TouchingDownExchangeResultPushNotificationHandler 是用来对达阵兑换棋子结果推送进行处理的通知处理器。

以下是它的代码,参见二维码10-20:

代码意图:

对于达阵兑换棋子结果的推送,客户端需要把被兑换的棋子换成兑换的棋子。

二维码10-20

代码解析:

第12行,获取推送携带的表明兑换棋子的标识符。

第13~14行,执行棋盘组件的兑换棋子操作。

（6）ExchangingPawnTouchingDownForResponseNotificationHandler 达阵兑换的响应处理器

ExchangingPawnTouchingDownForResponseNotificationHandler 是用来对达阵兑换请求进行响应进行处理的通知处理器。

以下是它的代码,参见二维码10-21:

第12行,关闭达阵兑换对话框。

接下来详细讲解一下对话框的设计。

二维码10-21

10.2.6　对话框

在这个模块项目里,只有一种对话框,那就是达阵兑换对话框。

有两个达阵兑换对话框——TouchingDownExchangeDialogForWhitePlayer 和 Touching-DownExchangeDialogForBlackPlayer,它们有一个共同的基类——AbstractTouchingDown-ExchangeDialog。以下是 AbstractTouchingDownExchangeDialog 的代码,参见二维码10-22:

第8~24行,在$onSetup方法里,给每个表示替换棋子的按钮添加触摸事件回调。

第26~32行,皇后棋子按钮的触摸事件回调方法。在该方法里,向后台发送兑换成皇后的请求。

第34~40行,象按钮的触摸事件回调方法。在该方法里,向后台发送兑换成象的请求。

二维码10-22

第42~48行,马按钮的触摸事件回调方法。在该方法里,向后台发送兑换成马的请求。

第50~56行,车按钮的触摸事件回调方法。在该方法里,向后台发送兑换成车的请求。

接下来看一下 TouchingDownExchangeDialogForWhitePlayer 对话框的皮肤 TouchingDownExchangeDialogForWhitePlayerSkin.exml 的外观,如图10-9所示:

以下是该皮肤的层级面板,如图10-10所示:

图 10-9　达阵兑换对话框皮肤的外观　　　图 10-10　对话框皮肤的层级面板

可以看出来，这个皮肤是由一个背景图片，一个表示"后"的按钮，一个表示"象"的按钮，一个表示"马"的按钮以及一个表示"车"的按钮组成。

接下是 TouchingDownExchangeDialogForWhitePlayer 的代码，参见二维码 10-23：

二维码 10-23

可以看出，AbstractTouchingDownExchangeDialog 的子类只需要为基类的构造函数提供 mediator 名称和皮肤的名称。TouchingDownExchangeDialogForBlackPlayer 的实现跟 TouchingDownExchangeDialogForWhitePlayer 的实现类似。接下来对后台模块的实现进行讲解。

10.3　nest-games-chess 项目详解

nest-games-chess 项目是国际象棋游戏后台模块项目。将其与最终项目分离，也是为了方便重复使用。nest-games-chess 的 git 地址可以在本书的附录中找到。

该模块主要由以下主类组成：

- ChessRoom；
- ChessTable；
- ChessBoard；
- Piece；
- QueryingLegalMovesAction；
- QueryResult；
- QueryStrategy & QueryStrategyCondition；
- MovingPieceAction；
- ExpressionGenerator & ExpressionGeneratorCondition；
- ManualExpressionExecutor；
- ManualExpression；

- BoutExpression；
- StepExpression & StepExpressionCondition；
- Command；
- ProxyPlayerPlayingChess；
- ExchangingPawnTouchingDownForAction；
- UndoAction。

在讲解这些主类之前，需要首先介绍两个知识点：前置条件和后置条件。

前置条件指的是在方法执行之前，需要满足的条件。

后置条件指的是在方法执行之后，需要满足的条件。

在当前这个模块项目里，有些 Action 的执行是需要前置条件的，如果不满足前置条件，就会返回请求失败的响应，而且这些响应里会携带请求失败的原因。

接下来详细介绍这些主类。

10.3.1　ChessRoom 象棋房间

ChessRoom 是国际象棋游戏的房间，通过它可以创建国际象棋的游戏桌面。

以下是它的代码，参见二维码 10-24：

第 1 行，跟所有房间一样，都需要继承 nest-core 里的 Room 类，并且要指定该模板类的 Table 实现以及 ProxyPlayer 的实现。

第 5～7 行，实现基类的 createTable 方法，该方法只是单纯地返回一个 ChessTable 的实例。

二维码 10-24

第 9～11 行，实现基类的 onClientDisconnect 方法，当有玩家断开连接的时候就会回调这个方法，而且把断开连接的玩家对应的 ProxyPlayer 传递给这个方法。

10.3.2　ChessTable 象棋桌面

ChessTable 表示国际象棋游戏的桌面。以下是它的代码，参见二维码 10-25：

第 2 行，成员对象 chessBoard 表示 ChessTabel 桌面上的棋盘。

第 8～11 行，ChessTabel 的构造函数。该函数的参数是一个用字符串表示的桌面 ID，而且在这个函数里初始化了 chessBoard。

第 13～19 行，成员变量 stepTimeInSeconds 表示每步的时间限制，单位是秒。以及它的访问器。

二维码 10-25

第 21～28 行，成员对象 performerInThisTurn 表示当前需要走棋的代理玩家，以及它的访问器。

第 30～39 行，switchPerformerInThisTurn 方法用来切换当前需要走棋的代理玩家。当一个玩家走完了一步棋之后，就需要执行这个方法。

第 42 行，notSwitchPerformerInThisTurn 成员变量用来表示当前玩家走完一步时，是否需要切换需要走棋的玩家。当一个玩家执行兵达阵的时候，这个值需要被设置为 true，因为这时需要玩家决定兑换成哪个棋子，所以还不能切换需要走棋的代理玩家。

第 44～46 行，notSwitchPerformerInThisTurn 公有方法只是将 notSwitchPerformerInThisTurn 成员变量设置为 true，以方便其他类对其进行设置。

第 48～50 行，实现了基类的 createSeats 方法。

第 52～71 行，实现了基类的 onPerformerJoin 方法。在这个方法里，设置了代理玩家控制的棋子的颜色，然后将加入桌面的推送发送给客户端。

第 82～85 行，实现了基类的 onAllProxyPlayersAreReady 方法，在这个方法里，将本轮代理玩家指定为座位索引为 0 的代理玩家，并在棋盘上摆放棋子。

10.3.3　ChessBoard 象棋棋盘

ChessBoard 表示棋盘。以下是它的代码，参见二维码 10-26：

第 2～7 行，squareMatrix 表示棋盘的 8×8 格子矩阵，棋子都会放在这些格子里。

二维码 10-26

第 9～12 行，pieceCan 表示放棋子的罐子，当有棋子被吃掉之后，就会被放进这个罐子。

第 14～17 行，chessTable 表示棋盘所在的桌面。

第 19～22 行，manualExpressionExecutor 表示棋谱表达式执行器，通过它去执行客户端请求所形成的表达式，从而控制棋子。随后会对这个对象进行讲解。

第 24 行，用 hasPawnTouchingDown 去标记现在是否有兵达阵。

第 26 行，用 squarePawnTouchingDown 去记录当前达阵兵所在的格子。

第 28 行，在构造函数里，建立格子并建立它们之间的连接，然后指定棋盘所在的桌面，最后创建棋谱表达式执行器。

第 35～48 行，putSquares 方法用来创建棋盘上的格子。

第 50～89 行，formAdjacentSquares 方法为邻接格子建立连通，可以看出格子矩阵是一个图结构。

第 91～100 行，traverseSquares 方法用来遍历每个格子，而且需要指定处理每个格子的 Lambda 表达式，表达式的参数是当前的格子。

第 102～109 行，traversePieces 方法用来遍历棋盘上的每个棋子，而且需要指定处理每个棋子的 Lambda 表达式，表达式的参数是当前的棋子。

第 111～147 行，initializePieces 方法用来创建棋子并将棋子摆放到初始位置。

第 149～165 行，copyDeeply 方法对当前的棋盘做了一个深拷贝。在一些情况下，对当前棋盘进行深拷贝是非常有必要的，比如在查询当前棋子的可走格子的时候，需要过滤掉那些让对方造成将军的格子，这时候就需要对当前棋盘进行深拷贝，然后在这个拷贝上测试当前可走的格子是否会造成对方的将军。

第 167～173 行，noPieceBetweenTwoVerticalSquares 方法用来判断在垂直方向上的两个格子之间是否有棋子。

第 175～180 行，noPieceBetweenTwoDiagonalSquare 方法用来判断在斜线方向上的两个格子之间是否有棋子。

第 182～190 行，getSquare 方法根据参数指定的坐标返回对应的格子。

第 192～194 行，onPieceMove 方法是当有棋子移动的时候触发的回调方法，第一个参数是被移动的棋子，第二个参数是被移动棋子当前所在的格子，第三个参数是被移动棋子将要移动到的格子。该方法还没有内容。

第 196～199 行，onPieceCaptured 方法是当有棋子被吃之后触发的回调方法，第一个参数是吃子的棋子，第二个参数是被吃的棋子，第三个参数是吃子的棋子在吃子之前所在的格子，第四个参数是被吃的棋子所在的格子。该方法还没有内容。

第 201～217 行，canCaptureKing 方法用来判断参数所指定颜色的国王是否被将军。该方法在过滤不合理的走法时会用到。

第 219～238 行，checking 方法用来判断参数所指定颜色的国王是否被将军。该方法与 canCaptureKing 方法的意图不一样，它不是在过滤不合理的走法时用到的。

第 239～246 行，countOfPiecesOnBoard 方法返回棋盘上棋子的数量。

第 248～276 行，checkmate 方法用来判断参数所指定颜色的国王是否被将死。

第 278～287 行，getKing 方法返回参数所指定颜色的国王。

10.3.4 Piece 棋子

Piece 类是所有具体棋子的基类。它的代码如下所示，参见二维码 10-27：

第 2～25 行，Color 是用来表示棋子颜色的枚举类型。

第 5～7 行，isDifferentWith 方法用来判断当前的棋子颜色与参数指定的颜色是否相同。

二维码 10-27

第 9～17 行，colorIdentifier 方法返回颜色枚举值对应的字符串标识符。在生成具体棋子的标识符的时候就要用到这个方法。

第 19～24 行，oppositeColor 方法返回与当前棋子颜色不同的对方的颜色。

第 27～30 行，color 成员对象表示的是当前棋子的颜色枚举。

第 32～38 行，square 成员对象表示的是当前棋子所在的格子。

第 40～47 行，isMoved 成员变量用来标记是否被移动过。有时候是需要这个标记的，比如王车易位的前提就是王和车都没有移动过，那么这种标记就可以记录是否移动过。

第 49～51 行，isOnASquare 方法用来判断当前棋子是否在一个格子内。

第 53～54 行，tryToMoveTo 方法是一个抽象方法，子类需要实现这个方法来实现棋子移动的功能，该方法可以抛出 IllegalMovingException 异常。

第 56～61 行，tryToMoveTo 方法与上一个方法的区别是参数的类型不一样。该方法的参数是格子的坐标，然后获取这个坐标对应的格子对象，再通过这个格子对象调用了上一个方法。

第 68～78 行，moveTo 方法直接将当前棋子移动到目标格子，而不必判断移动是否合法。在 tryToMoveTo 方法的实现里会调用这个方法。

第 80～85 行，与上个方法的参数类型不同，这个方法的参数是格子的坐标。

第 87～88 行，tryToCapture 是一个抽象方法，参数是将要被吃的对方棋子所在的格子。该方法可以抛出 IllegalMovingException 异常。

第 90～95 行，与上一个方法的参数类型不同，这个方法的参数是格子的坐标。

第 97～111 行，capture 方法直接去吃掉对方的一个棋子，参数是被吃的对方棋子所在格子的坐标。tryToCapture 方法的实现会使用到这个方法。

第 114～126 行，putOn 方法将当前棋子放置到指定的棋盘的坐标格子中。第一个参数是棋子被放置到的棋盘，第二个参数是需要放置到的格子的坐标。

第 128 行，queryStrategyList 成员对象是用来存储查询策略的。每个具体的棋子的查询策略都是不一样的。

第 130～132 行，addQueryStrategy 方法向 queryStrategyList 里添加一个查询策略。

第 134～138 行，queryLegalMoves 方法用来查询当前棋子合法的移动方式，当客户端的玩家单击一个棋子的时候就会发送查询合法移动方式的请求，进而调用这个方法。该方法先查询在不考虑威胁的情况下，就是不考虑棋子移动之后是否会产生将军。然后会过滤掉受威胁的移动方式。

第 140～149 行，queryMovesWithoutThinkingThreat 方法用来查询在不考虑受威胁情况下棋子合法的移动方式。该方法会遍历所有已经注册的查询策略，并判断当前棋子是否符合查询策略的条件，如果符合条件，就可以获取查询策略所对应的结果，并将这些结果合并成一个结果。这种遍历的方式属于职责链设计模式，在本书的最后一章会对其进行讲解。

第 151～163 行，threatFilter 方法用来将一个查询结果对象里的受威胁走法过滤掉。

第 165～185 行，filterSquaresToMoveOn 方法会过滤掉会受到威胁的移动走法。在这个方法里，会对当前棋盘进行深拷贝，就仿佛在想象中考虑移动之后是否会被将军。

第 192～212 行，filterSquaresCaptured 方法会过滤掉会受到威胁的吃子走法。这个方法也会对当前棋盘进行深拷贝，然后判断吃子之后是否会被将军。

第 219～241 行，filterSquaresCastled 方法用来过滤掉王车易位的走法。

第 243 行，抽象方法 identifier 返回具体棋子的标识符，比如王就是"K"。

第 245～247 行，identifierWithColor 方法返回带有颜色标识符的棋子标识符，比如白王就是"WK"。

第 249～251 行，Piece 的构造函数需要指定一个棋子颜色。

第 253～255 行，hasDifferentColorWith 方法用来判断当前棋子与另外一个棋子的颜色是否不一样。

第 257～266 行，clone 方法用来对当前棋子进行复制。在深拷贝棋盘的方法里对其进行了调用。

第 268～272 行，threwToPieceCan 将当前的棋子丢进棋子罐里，当当前棋子被吃掉后就会调用这个方法。

第 274～277 行，movingExpression 方法返回一个移动的表达式，这个表达式和棋谱很类似。

第 279～282 行，capturingExpression 方法返回一个吃子的表达式。

第 284～302 行，castleExpression 方法返回一个王车易位的表达式。

第 304～319 行，getCorrespondingPerformer 方法返回控制当前棋子的代理玩家。

第 321～327 行，broadcastPush 方法用于向桌面周围的玩家和观察者广播一个推送。

第 329～334 行，unicastPush 方法向当前棋子的控制者发送一个推送。

二维码 10-28

第 336～365 行，createByPieceIdentifier 方法根据棋子标识符和颜色来创建一个棋子。在兵达阵的时候就会调用这个方法来兑换棋子。

接下来看一下它的一个具体类——Rook 类，它表示棋子"车"，参见二维码 10-28：

第 7～10 行，addAllQueryStrategies 方法用来添加"车"所有的查询策略。

第 15～17 行，实现基类的 identifier 方法。

第 20～30 行，实现基类的 tryToMoveTo 方法。每个具体棋子类的该方法的实现是不一样的，因为它们移动的规则不一样。这个方法的实现完全是遵守当前棋子的移动规则的。

第 33～47 行，实现基类的 tryToCapture 方法。这个方法的实现也是要遵守吃子的规则。其他具体棋子类的实现跟 Rook 类很相似。

10.3.5　QueryingLegalMovesAction 查询合法走法的动作

QueryingLegalMovesAction 是查询合法走法的请求 QueryingLegalMovesRequest 对应的行为。它的代码如下所示，参见二维码 10-29：

二维码 10-29

第 2 行，成员对象 pieceCoordinate 用来暂存 Action 的参数。

第 4～5 行，静态对象 CAUSE_ON_EMPTY_SQUARE 用来存储当参数所表示的格子上没有棋子的情况下，请求失败的原因。因为当客户端玩家单击一个空格子时，该请求是失败的。

第 7～8 行，静态对象 CAUSE_ON_WRONG_PIECE_COLOR 用来存储当参数所表示的格子上的棋子不是当前玩家能控制的时候，请求失败的原因。因为当客户端玩家单击一个对方的棋子时，该请求也是失败的。

第 14～60 行，对基类的$onPerform 方法进行定义。

第 19～24 行，如果执行动作的玩家不是目前可以走棋的玩家，则说明请求是失败的，需要提前返回响应。

第 31～34 行，是当玩家单击的格子是空的时候的情况。

第 34～38 行，是当玩家单击的棋子不是自己能控制的情况。

第 38～53 行，是请求合理的情况。

第 39 行，调用格子坐标所对应的棋子的 queryLegalMoves 方法，该方法返回值的类型是 QueryResult，这个类的对象记录了查询的结果。

第 40～52 行，将 QueryResult 对象里的结果全部转变为表示格子坐标的字符串，并将这些字符串存放在响应对象里，这个就是要返回给客户端的响应。

10.3.6　QueryResult 合法走法查询的结果

QueryResult 类是用来记录查询合法走法的结果的。以下是它的代码，参见二维码 10-30：

二维码 10-30

第 3～10 行，squareOpponentKingStandsOn 成员对象用来记载对方王所在的格子，如果这个对象不是 null，就说明对方处于将军状态。

第 13～16 行，emptySquaresCouldBeOccupied 成员对象用来记载可以移动到的格子。

第 19～22 行，squaresOccupiedByOpponentPieces 成员对象用来记载对方可吃棋子所在的格子。

第 25～28 行，squaresCastled 成员对象记载的是王车易位之后的落子点。

第 30～49 行，combine 方法将当前结果和目标结果合并，并返回一个新的结果，而且当前结果不变。

第 51~64 行，copy 方法将一个源结果拷贝给当前结果，这个方法会改变当前结果。该方法会在 combine 方法里调用。

第 66~90 行，hasCoordinate 方法用来判断参数所代表的格子坐标是否在这个结果里。

10.3.7　QueryStrategy 查询策略与 QueryStrategyCondition 查询策略的条件

QueryStrategy 类表示合法走法的查询策略，QueryStrategyCondition 接口表示查询策略的条件，如果当前棋子符合这个条件，这个查询策略才是有效的。

以下是 QueryStrategyCondition 类的代码：

```
1    public interface QueryStrategyCondition<P extends Piece> {
2        boolean isTrue(P piece);
3    }
```

这个接口就一个方法——isTrue，该方法用来判断给定的棋子是否符合某个查询策略。

接下来是 QueryStrategy 类的代码，参见二维码 10-31：

第 2~6 行，condition 成员对象是当前查询策略的条件。

第 8~10 行，构造函数需要指定一个查询策略的条件。

二维码 10-31

第 12 行，子类需要实现 query 方法。当符合策略条件时，就会调用这个方法，从而获取查询结果。

接下来看一下这两个类的具体使用方法，在这里介绍兵的两个查询策略——QueryStrategyOnPawnMoving 和 QueryStrategyOnPawnCapturing。首先看一下 QueryStrategyOnPawnMoving 的代码，它表示兵的合法移动查询，参见二维码 10-32：

第 2~7 行，QueryStrategyOnPawnMoving 的嵌入类 Condition 是该查询策略的条件。对于该查询策略，需要满足兵的前方没有任何棋子的条件。isTure 方法的实现就是用来判断是否满足这个条件。

二维码 10-32

第 14~26 行，query 方法首先将当前兵前方的格子放进结果里，然后再判断兵是否可以连续走两格，如果可以走两格，那么把第二个格也放进结果里。

除了 QueryStrategyOnPawnMoving 之外，还有以下几个查询策略：

- QueryStrategyOnBishopCapturing：象的一个查询策略，该策略收集象可以吃掉的子所在的格子。
- QueryStrategyOnBishopMoving：象的一个查询策略，该策略收集象可以移动到的格子。
- QueryStrategyOnKingCapturing：王的一个查询策略，该策略收集王可以吃掉的子所在的格子。
- QueryStrategyOnKingCastle：王的一个查询策略，该策略收集王可以易位的格子。
- QueryStrategyOnKingMoving：王的一个查询策略，该策略收集王可以移动到的格子。
- QueryStrategyOnKnightMovingAndCapturing：马的一个查询策略，该策略收集马可以移动到格子，和可以吃掉的子所在的格子。
- QueryStrategyOnPawnCapturing：兵的一个查询策略，该策略收集兵可以吃掉的子所在的格子。
- QueryStrategyOnQueenCapturing：后的一个查询策略，该策略收集后可以吃掉的子所在的格子。

- QueryStrategyOnQueenMoving：后的一个查询策略，该策略收集后可以移动到的格子。
- QueryStrategyOnRookCapturing：车的一个查询策略，该策略收集了车可以吃掉的子所在的格子。
- QueryStrategyOnRookMoving：车的一个查询策略，该策略收集了车可以移动到的格子。

10.3.8　MovingPieceAction 移动棋子的动作

MovingPieceAction 是棋子移动请求 MovingPieceRequest 对应的行动类。以下是该类的代码，参见二维码 10-33：

二维码 10-33

第 2 行，originCoordinate 成员对象用来暂存 Action 的参数起始坐标。

第 4 行，targetCoordinate 成员对象用来暂存 Action 的参数目标坐标。

第 6～7 行，当前这个 Action 的执行有一个前置条件：源坐标所对应的格子上应该有棋子。静态常量 CAUSE_ON_NO_PIECE_ON_THIS_SQUARE 表示的就是当不符合这个前置条件的情况下的请求失败的原因。

第 9 行，当前这个 Action 的执行有一个前置条件：棋子的走法应该是合法的。静态常量 CAUSE_ON_ILLEGAL_MOVING 表示的就是当不符合这个前置条件的情况下的请求失败的原因。

第 17～76 行，实现了基类的$onPerform 方法。

第 21～27 行，当前 Action 的执行有一个前置条件：Action 的执行者应该是目前可以移动棋子的代理玩家。这个 if 语句就是当不符合这个前置条件的情况下所做的处理。

第 31～38 行，代码通过查询被移动棋子的合法走法，来判断走法是否合法。

第 39～42 行，generateExpressionByMovingActionParameters 是 ManualExpressionExecutor 类的一个方法，该方法根据移动的源坐标和目标坐标，生成对应的表达式。表达式跟棋谱很类似。

第 43 行，ManualExpressionExecutor 的 interpret 方法对表达式进行解释执行，这个方法使用了解释器设计模式，在本书的最后一章里会对这个模式进行介绍。

第 45～62 行，是对将死情况进行处理。每个玩家移动棋子之后，都要判断是否将死对方了。

10.3.9　ExpressionGenerator 表达式生成器与 ExpressionGeneratorCondition 表达式生成器的条件

在国际象棋游戏中，任何棋子的移动，客户端发送的都是相同的请求。以下是棋子移动协议的设计，参见 client.movePiece-2011.json，参见二维码 10-34：

二维码 10-34

由协议可以看出，请求附带的数据只有源坐标和目标坐标。所以当这个请求到达后台之后，后台程序需要判断是哪个棋子请求移动，目标格子是哪个，而且还要判断这个走法是否合理。

笔者是这样设计的，当客户端发送一个棋子移动请求，ExpressionGenerator 会根据请求的参数生成一个棋谱表达式，这种表达式和棋谱很类似，比如"Pe2e4"，其中"P"表示移动的棋子是兵，"e2"表示起始坐标，"e4"表示目标坐标，这个表达式对应的常规棋谱是"e4"。然后 ManualExpressionExecutor 会执行这个表达式，从而控制与其对应的棋盘上的棋子。

所以 ExpressionGenerator 是用来根据棋子移动请求来生成棋谱表达式的生成器，而 ExpressionGeneratorCondition 是用来判断请求符合哪种表达式生成器的。

以下是接口 ExpressionGeneratorCondition 的代码：

```
1    public interface ExpressionGeneratorCondition {
2        boolean isTrue(Square originSquare, Square targetSquare, String pieceIdentifier);
3
4        ExpressionGenerator createExpressionGenerator();
5    }
```

在 isTure 方法里，参数 originSquare 表示起始格子，targetSquare 表示目标格子，pieceIdentifier 表示棋子的标识符，在兵达阵兑换棋子的情况下，这个参数是起作用的。

在 ManualExpressionExecutor 类的 generateExpressionByMovingActionParameters 方法里，会遍历所有向其注册的 ExpressionGeneratorCondition 具体类对象的集合，从而发现符合条件的 ExpressionGeneratorCondition 具体类对象，然后通过该对象的 createExpressionGenerator 方法来获取对应的 ExpressionGenerator 具体类对象。

以下是接口 ExpressionGenerator 的代码：

```
1    public interface ExpressionGenerator {
2        String generate(Square originSquare, Square targetSquare, String pieceIdentifier);
3    }
```

符合条件的 ExpressionGenerator 具体类对象就会调用自身的 generate 方法来生成表达式。

以下是 ExpressionGenerator 具体类 MovingExpressionGenerator 的代码，它表示符合棋子移动条件的表达式生成器，参见二维码 10-35：

二维码 10-35

第 2～13 行，Condition 类是 MovingExpressionGenerator 的条件检查类，它是一个嵌套类。

第 4～7 行，实现基类的 isTrue 方法，该方法是用来判断参数是否符合条件的，在源格子上有棋子，而且目标格子上没有棋子的情况下，符合对应的表达式生成器的条件。

第 16～21 行，实现基类的 generate 方法，从而产生对应的表达式。

除了 MovingExpressionGenerator，ManualExpressionExecutor 还注册了以下表达式生成器的 Condition：

- WhiteKingLongCastleExpressionGenerator：白王车长易位情况下的表达式生成器。
- WhiteKingShortCastleExpressionGenerator：白王车短易位情况下的表达式生成器。
- BlackKingLongCastleExpressionGenerator：黑王车长易位情况下的表达式生成器。
- BlackKingShortCastleExpressionGenerator：黑王车短易位情况下的表达式生成器。
- PawnMovingTouchingDownExchangeForExpressionGenerator：兵通过移动实现达阵兑换情况下的表达式生成器。

- PawnCapturingTouchingDownExchangeForExpressionGenerator：兵通过吃子实现达阵兑换情况下的表达式生成器。
- CapturingExpressionGenerator：吃子情况下的表达式。

它们注册的顺序很重要，因为这个顺序会影响到结果的正确性。这种设计仍旧采用的是职责链模式，在 ManualExpressionExecutor 的 generateExpressionByMovingActionParameters 方法里，对这些注册了的 ExpressionGeneratorCondition 进行遍历。

10.3.10　ManualExpressionExecutor 棋谱表达式执行器

ManualExpressionExecutor 是用来对棋谱表达式进行解释执行的类。它的基类是 ManualExpression。ManualExpression 还有一个子类——ManualExpressionPlayer，它用来对历史棋谱进行播放的类，这样玩家就能回顾历史对局了。但是目前还没有这个功能。

以下是 ManualExpressionExecutor 的代码，参见二维码 10-36：

第 2～3 行，expressionGeneratorConditionList 是用来保存表达式生成器条件的容器。

二维码 10-36

第 5～25 行，ManualExpressionExecutor 的构造函数。该函数的参数是一个 ChessBoard，对表达式的解释与执行，都会作用到这个 ChessBoard。

第 7～24 行，注册所需要的表达式生成器条件。

第 31～54 行，interpret 方法对参数所表示的表达式进行解释和执行。

第 33～34 行，根据表达式和当前的 ChessBoard，生成一个步表达式对象 stepExpression。

第 35～37 行，如果生成的表达式对象为 null，就说明这个表达式是非法无效的。

第 38～52 行，向回合表达式列表 boutExpressionList 里添加一个步表达式。棋盘表达式（ManualExpression）、回合表达式（BoutExpression）以及步表达式（StepExpression），它们之间的关系是这样的：

- BoutExpression 包含两个 StepExpression，所以 BoutExpression 是一个双元素容器。
- ManualExpression 包含多个 BoutExpression。

它们的关系通过棋谱就能看出来：

1.d4 d5 2. c4 e6 3. Nf3 Nf6 …

这就是整个棋谱，其中"1.d4 d5"就是一个回合，"d4"就是一步。

BoutExpression 和 StepExpression 会在随后的章节里介绍。

第 53 行，步表达式执行一步，这样棋盘里的棋子就走动了一步。

第 56～67 行，unexecute 方法将棋盘退后一步，在悔棋的请求里会用到这个方法。

第 69～84 行，generateExpressionByMovingActionParameters 根据参数生成表达式，这个在之前已经介绍过了。

第 86～90 行，removeLastStepExpression 方法将最后一个步表达式移除，在兵达阵兑换棋子的时候会用到这个方法。笔者是这样设计兵达阵兑换棋子功能的，首先会产生一个兵移动或吃子的步表达式，然后判断兵是否达阵，如果达阵，就将这个生成的表达式移除，换成达阵换子步表达式。

10.3.11 ManualExpression 棋谱表达式

ManualExpression 类表示棋谱表达式，它包含多个回合表达式。它有两个子类：ManualExpressionExecutor 和 ManualExpressionPlayer。以下是它的代码，参见二维码 10-37：

二维码 10-37

第 2 行，nonius 表示棋谱表达式的当前位置。ManualExpressionPlayer 里会用到这个变量，用它来标记播放的当前位置。

第 4 行，boutExpressionList 是用来保存回合表达式的容器。

第 6 行，chessBoard 是棋谱表达式对应的 ChessBoard。

第 8~9 行，interpret 方法用来对一个字符串表达式进行解释和执行。

第 11~13 行，构造函数需要指定对应的 ChessBoard。

10.3.12 BoutExpression 回合表达式

BoutExpression 类表示回合表达式，一个回合表达式里包含两个步表达式（StepExpression）。它的代码如下所示，参见二维码 10-38：

二维码 10-38

第 2 行，counter 表示回合的索引，比如回合 "1. Pd2d4 Pd7d5"，它的索引就是 1。

第 4 行，whiteStepExpression 表示白方的步表达式。

第 6 行，blackStepExpression 表示黑方的步表达式。

第 8 行，currentStepExpression 表示当前的步表达式。

第 10 行，chessBoard 表示回合表达式对应的 ChessBoard。

第 16~28 行，interpret 对回合表达式进行解释，但是并不执行，这个方法适用于 ManualExpressionPlayer。

第 30~34 行，getCounter 方法根据参数所表示的回合字符串表达式，获取里面的回合索引。

第 36~40 行，getWhiteStep 方法根据参数所表示的回合字符串表达式，获取里面的白方的步字符串表达式。对于回合表达式 "1. Pd2d4 Pd7d5"，"Pd2d4" 就是白方的步字符串表达式。

第 42~46 行，getBlackStep 方法根据参数所表示的回合字符串表达式，获取里面的黑方的步字符串表达式。

第 48~50 行，isFull 方法返回当前的回合表达式是否满了的布尔值，BoutExpression 是一个双元素容器，所以当 whiteStepExpression 和 blackStepExpression 都不为 null 的时候，这个容器就满了。

第 52~54 行，isEmpty 方法返回当前回合制表达式是否为空的布尔值。

第 56~63 行，addStepExpression 方法向当前回合制表达式里添加一个步表达式对象。这个方法能有效执行的前提是当前这个回合制表达式对象不是满的。

第 65~75 行，popStepExpression 方法弹出一个步表达式对象，并返回这个步表达式对象。

10.3.13 StepExpression 步表达式与 StepExpressionCondition 步表达式的条件

StepExpression 表示步表达式，StepExpressionCondition 用来判断表达式是否满足条件，

二维码 10-39

如果满足条件，就生成对应具体的 StepExpression。

以下是 StepExpression 的代码，参见二维码 10-39：

第 1 行，StepExpression 是一个抽象的模板类，模板参数是一个 Command 的子类，Command 表示步表达式对应的执行命令，这个类会在随后的章节里介绍。

第 2～3 行，stepExpressionConditionList 是步表达式条件的容器，把它设置为静态的，是因为在随后的静态创建方法里会用到它。

第 5～24 行，在类的静态代码块里注册所有的步表达式的条件。

第 33～45 行，静态公有方法 create 会根据字符串表达式去生成一个具体的 StepExpression。在这个方法里，会对所有的步表达式条件进行遍历，去寻找字符串表达式对应的具体的步表达式。这个方法跟 ManualExpressionExecutor 的 generateExpressionByMovingActionParameters 方法一样，采用了职责链的设计模式。这个方法也使用了工厂模式。这些设计模式都会在下一章里介绍。

第 47 行，成员对象 expression 是用来存储步表达式对象对应的字符串表达式的。

第 49 行，成员对象 chessBoard 是步表达式对象对应的 ChessBoard。

第 51 行，成员对象 command 是步表达式对象对应的 Command。

第 58 行，interpret 方法是个抽象方法，该方法会对字符串表达式进行解释，并生成一个具体的 Command。

第 64～66 行，execute 方法会对步表达式对象对应的具体 Command 进行执行。

第 71～73 行，unexcute 方法会对步表达式对象对应的具体 Command 进行撤销，在悔棋功能里会用到这个方法。

接下来看一下 StepExpressionCondition 的代码：

```
1    public interface StepExpressionCondition {
2        boolean isTrue(String expression);
3
4        StepExpression createStepExpression(String expression,
5        ChessBoard chessBoard) throws IllegalExpressionException;
6    }
```

第 2 行的 isTrue 方法是用来判断表达式字符串是否符合条件。

第 4 行的 createStepExpression 方法是当条件满足的情况返回的一个具体的 StepExpression 对象。

接下来看一个 StepExpression 的具体类：NotPawnMovingExpression，它表示非兵移动的步表达式，参见二维码 10-40：

二维码 10-40

第 1 行，NotPawnMovingExpression 对应的具体 Command 是 MovingCommand，所以模板的参数是 MovingCommand。

第 6～26 行，interpret 方法对构造函数传递进来的字符串表达式进行解释，并返回对应的 MovingCommand。

第 28～42 行，嵌套类 Condition 是 NotPawnMovingExpression 的条件类。

除了 NotPawnMovingExpression 之外，还有以下几个 StepExpression 的具体类：

- LongCastleStepExpression：长易位的步表达式。
- NotPawnCapturingExpression：非兵吃的步表达式。
- PawnCapturingExpression：兵吃子的步表达式。
- PawnCapturingTouchingDownExchangeForStepExpression：兵吃子达阵兑换的步表达式。
- PawnMovingExpression：兵移动的步表达式。
- PawnMovingTouchingDownExchangeForStepExpression：兵移动达阵兑换的步表达式。
- ShortCastleStepExpression：短易位的步表达式。

10.3.14　Command 玩家的行动命令

Command 表示在一个 ChessBoard 执行的一个棋子移动的动作命令，而且这个命令可以撤销（在悔棋的功能里就需要撤销功能）。这种设计使用了命令模式。

以下是抽象类 Command 的代码：

```
1    public abstract class Command {
2        public abstract void execute() throws IllegalMovingException;
3
4        public abstract void unexecute();
5    }
```

第 2 行，execute 方法的职责就是去执行棋子移动的命令。

第 4 行，unexecute 方法的职责就是撤销对应的命令。

接下来看一个 Command 的具体类——MovingCommand，参见二维码 10-41：

二维码 10-41

第 2 行，成员对象 originSquare 是命令执行的参数，它表示棋子的起始格子位置。

第 4 行，成员对象 targetSquare 是命令执行的参数，它表示棋子的落子格子位置。

第 6 行，成员变量 notMovedBeforeMove 用来标记棋子在本次移动之前有没有移动过。因为一些规则需要知道棋子有没有移动过，所以在撤销命令之后，需要把之前没移动过的棋子标记成没移动过。

第 13~27 行，实现基类的 execute 方法。这个方法的意图就是，移动对应的棋子，并将移动的推送发送给各个客户端，然后将移动棋子的权力切换给对方。

第 29~35 行，pushMovingResult 方法将棋子移动的推送发送给各个客户端。

第 38~55 行，实现基类的 unexecute 方法。这个方法的意图是，反向移动棋子，并将反向移动棋子的推送发送给各个客户端，然后将移动棋子的权力切换给对方。

第 57~63 行，pushUndoMovingResult 方法将棋子的反向移动推送给各个客户端。

除了 MovingCommand，还有以下几个 Command 的具体类：

- BlackKingLongCastleCommand：黑王长易位的移动命令。
- BlackKingShortCastleCommand：黑王短易位的移动命令。

- CapturingCommand：吃子的移动命令。
- PawnTouchingDownExchangeForCommand：兵达阵兑换命令。
- WhiteKingLongCastleCommand：白王长易位的移动命令。
- WhiteKingShortCastleCommand：白王短易位的移动命令。

10.3.15 ProxyPlayerPlayingChess 国际象棋游戏的代理玩家

ProxyPlayerPlayingChess 是本模块项目里的代理玩家（Proxy Player）。它的代码是这样的，参见二维码 10-42：

二维码 10-42

第 1～2 行，ProxyPlayerPlayingChess 继承于 ProxyPlayerEnteringRoom，就像在 7.2.5 节中介绍的那样，自定义的代理玩家可以继承于 ProxyPlayerEnteringRoom。

第 3～9 行，Side 类表示代理玩家的阵营。目前 Side 类有两个子类——WhiteSide 和 BlackSide，分别表示白方和黑方。

第 11 行，StepTimer 表示代理玩家控制的计时器，当轮到当前玩家走棋的时候，就会启动这个计时器，当走完棋之后就会关闭这个计时器。目前这个功能还没有完全实现。

第 22～24 行，turnOnStepTimer 方法用来打开计时器。

第 26～28 行，turnOffStepTimer 方法用来关闭计时器。

10.3.16 ExchangingPawnTouchingDownForAction 达阵兑换棋子的动作

ExchangingPawnTouchingDownForAction 表示兵达阵兑换棋子请求所对应的 Action。以下是它的代码，参见二维码 10-43：

第 3 行，成员变量 pieceIdentifier 用来暂存 Action 的参数。

第 5～6 行，字符串常量 CAUSE_ON_ILLEGAL_PIECE_IDENTIFIER 表示当参数是一个非法棋子标识符的时候，返回给客户端的请求失败原因。

二维码 10-43

第 16～86 行，实现基类的 $onPerform 方法。

第 20～26 行，如果发送请求的玩家不是当前应该移动棋子的玩家，就会向客户端返回请求失败的响应，并附上失败的原因。

第 27～32 行，如果请求的参数不是一个合法的棋子标识符，就会向客户端返回请求失败的响应，并附上失败的原因。

第 34～39 行，ChessBoard 的 hasPawnTouchingDown 成员变量用来标记是否有兵达阵，当发生兵达阵事件的时候就会将其设置为 true，所以在这里检查这个标记，从而判断该 Action 是否合法，如果没有发生兵达阵事件的话，这个 Action 就是非法的。

第 41～67 行，达阵兑换棋子的主要逻辑。

10.3.17 UndoAction 悔棋动作

UndoAction 表示悔棋对应的 Action。以下是 UndoAction 的代码，参见二维码 10-44：

二维码 10-44

第 6～11 行，如果发送悔棋请求的玩家不是当前可以移动棋子的玩家，就会返回请求失败的响应，并附带失败的原因。

第 13～14 行，ManualExpressionExecutor 对象执行了两次撤销操作，是因为悔棋需要退回两步。

10.4　本章小结

本章介绍了在国际象棋实战项目里引用的前端和后台模块——sparrow-egret- games-chess 以及 nest-games-chess 的实现细节。

本章还介绍了一个能自动生成代码的工具——TreeBranch，如果读者能够理解它的使用方法，对开发 sparrow-egret 和 nest-core 的项目将是非常有帮助的。

在下一个章节里，将详细讲解国际象棋实战项目的前端和后台的实现细节。

第11章　游戏开发模块整合

在上一章里，详细讲解了国际象棋实战项目的前后端依赖的模块项目，它们分别是 sparrow-egret-games-chess 和 nest-games-chess。在本章里，将详细讲解整合了这两个模块项目之后的最终前后端项目的实现方式。

11.1　整合前端

本实战项目的最终前端项目的名称是 AaronsChessClient。AaronsChessClient 的 git 地址可以在本书的附录中找到。该项目依赖于其他一些模块项目，这些依赖关系通过该项目的 egretProperties.json 文件就能体现出来。在该项目里，有三个场景：LoadingScene（加载场景）、LobbyScene（大厅场景）以及 ChessTableScene（棋盘桌面场景，即游戏场景）。此外，这个项目里还有一些对话框。

接下来将详解这些场景的实现。

11.1.1　LoadingScene 加载场景

大部分 HTML5 游戏都需要像 LoadingScene 这样的资源加载场景，希望通过对 LoadingScene 实现的解读，能够给读者提供一个实现资源加载场景的思路。

（1）皮肤

LoadingScene 的皮肤文件是 LoadingSceneSkin.exml。以下是这个皮肤的外观，如图 11-1 所示：

图 11-1　LoadingSceneSkin.exml 的外观

以下是这个皮肤层级面板里的内容，如图 11-2 所示：

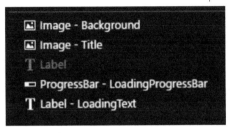

图 11-2 皮肤层级面板里的内容

可以看到，里面有背景、游戏标题、进度条，还有一段用来提示加载进度的文字。

（2）实现代码

以下是 LoadingScene 类的代码：

```
1    module site.aarontree.projects.aarons_chess {
2      export class LoadingScene extends sparrow.core.Scene implements
3          sparrow.core.IResourceLoadListener {
4        public constructor() {
5          super('LoadingScene', 'LoadingScene', 'LoadingSceneSkin',
6            sparrow.core.Director.getInstance().getProxyServer(Constants
7            .PROXY_SERVER_NAME));
8        }
9
10       private loadingText: eui.Label;
11
12       private loadingProgressBar: eui.ProgressBar;
13
14       public getGroupNameListToPreload(): sparrow.core
15         .IGroupNameAndPriorityPair[] {
16         return [{
17           groupName: 'all',
18           priority: 0
19         }];
20       }
21
22       public $onResourceGroupLoadError(event: RES.ResourceEvent): void {
23
24       }
25
26       public $onResourceGroupProgress(event: RES.ResourceEvent): void {
27         this.loadingText.text = '加载中。。。 ' + (event.itemsLoaded /
28           event.itemsTotal * 100).toFixed(2);
29         this.loadingProgressBar.maximum = event.itemsTotal;
30         this.loadingProgressBar.value = event.itemsLoaded;
31       }
32
```

```
33              public $onItemLoadError(event: RES.ResourceEvent): void {
34
35              }
36
37              public $onResourceGroupLoadComplete(event: RES.ResourceEvent): void {
38
39              }
40
41              public $onAllResourceGroupLoadComplete(): void {
42                  sparrow.core.Director.getInstance().pushScene(new LobbyScene());
43              }
44
45              protected $onSetup(): void {
46                  this.loadingText = this.getChildByName('LoadingText') as eui.Label;
47                  this.loadingProgressBar = this.getChildByName('LoadingProgressBar')
48                      as eui.ProgressBar;
49                  sparrow.core.ResourceManager.getInstance()
50                      .performResourceLoadListener(this);
51              }
52          }
53      }
```

第 2～3 行，就像其他场景一样，LoadingScene 继承于 Scene，并实现了 IResourceLoadListener 接口，这样就能监听资源加载情况了，这就是资源加载场景实现的主要思路。

第 4～8 行，构造函数调用了基类的构造函数，指定了场景的皮肤名称以及代理服务器。

第 10 行，成员对象 loadingText 用于绑定皮肤里的加载进度提示文字。

第 12 行，成员对象 loadingProgressBar 用于绑定皮肤里的进度条。

第 14～20 行，实现了 IResourceLoadListener 接口的 getGroupNameListToPreload 方法，它返回要加载的资源组的名称和加载优先级。

第 26～31 行，实现了 IResourceLoadListener 接口的$onResourceGroupProgress 方法，当加载完一个资源之后就会调用这个方法。在这个方法里，改变了加载进度提示文字的内容，并改变了进度条的进度。

第 41～43 行，实现了 IResourceLoadListener 接口的$onAllResourceGroupLoadComplete 方法，当所有资源组都加载完毕之后就会调用这个方法。在这个方法里，将大厅场景 LobbyScene 的一个实例压入场景堆栈，从而显示大厅场景。

第 45～51 行，覆盖了基类的$onSetup 方法。在该方法里，绑定了加载进度提示文字和进度条，并让 ResourceManager 去执行当前的资源加载监听器，这样资源就开始加载并监听进展了。

如果客户端程序是在远程服务器上，那么这个场景会有一段停留时间，而且资源加载进度条的进度变化很明显。但是如果是在本地，那么这个场景几乎不会有明显停留，直接进入到大厅场景了，因为资源加载速度相比在远程服务器的要快很多。

11.1.2　LobbyScene 大厅场景

LobbyScene 和后台里的 Lobby（大厅）是对应的，所以如果玩家在大厅场景里，那么他对应的 ProxyPlayer（代理玩家）就在后台的 Lobby 里。

（1）皮肤

LobbyScene 的皮肤文件是 LobbySceneSkin.exml。以下是这个皮肤的外观，如图 11-3 所示：

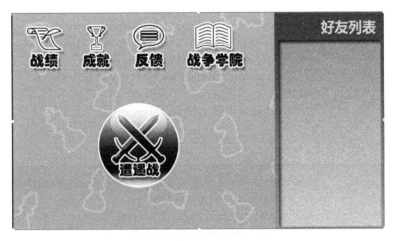

图 11-3　LobbySceneSkin.exml 的外观

以下是这个皮肤层级面板里的内容，如图 11-4 所示：

图 11-4　层级面板里的内容

可以看出，这个皮肤里有个橙色的背景，还有几个按钮，其中的 EncounterButton（遭遇战按钮）就是开始游戏的按钮，当单击它的时候，玩家会进入匹配机，从而等待其他玩家加入。其他的按钮目前暂无实际功能。

（2）实现代码

以下是 LobbyScene 类的代码：

```
1    module site.aarontree.projects.aarons_chess {
2        export class LobbyScene extends sparrow.core.Scene {
3            public static readonly NAME: string = 'LobbyScene';
4
```

```
5        private waitingDialog: WaitingForMatchingDialog
6            = new WaitingForMatchingDialog();
7
8        public constructor() {
9            super(LobbyScene.NAME, 'LobbyScene', 'LobbySceneSkin',
10               sparrow.core.Director.getInstance().getProxyServer(Constants
11               .PROXY_SERVER_NAME));
12       }
13
14       public $addNotificationHandlers(notificationHandlerGroup:
15           sparrow.ts.common.Group<sparrow.ts.core.NotificationHandler>): void {
16           notificationHandlerGroup.addElement(new
17               EnteringMatchMachineResponseNotificationHandler());
18           notificationHandlerGroup.addElement(new
19               TableJoiningPushNotificationHandler());
20       }
21
22       protected $onSetup(): void {
23           let button = sparrow.common.Utilities.getLaterGenerationByName(this,
24               'EncounterButton') as eui.Button;
25           button.addEventListener(egret.TouchEvent.TOUCH_TAP,
26               this.onEncounterButtonTouch, this);
27       }
28
29       private onEncounterButtonTouch(event: egret.TouchEvent): void {
30           this.mainMediator.sendData(sparrow.core
31               .EnteringMatchMachineRequestCommand.NOTIFICATION_NAME, {
32               matchMachineName: Constants
33               .ENCOUNTER_MATCH_MACHINE
34           })
35       }
36
37       public showWaitingDialog(): void {
38           this.addChild(this.waitingDialog);
39       }
40
41       public closeWaitingDialog(): void {
42           this.waitingDialog.close();
43       }
44
45       protected $onRecover(): void {
46           this.mainMediator.sendData(sparrow.core
47               .EnteringSpaceRequestCommand.NOTIFICATION_NAME, {
48               spaceName: 'lobby'
49           })
50       }
```

```
51          }
52      }
```

代码解析：

第5~6行，成员对象 waitingDialog 是等待匹配的对话框，当玩家单击"遭遇战"按钮之后就会显示这个对话框，然后等待其他玩家进入匹配机。

第14~20行，覆盖了基类的$addNotificationHandlers 方法，在该方法里注册了两个消息处理器——EnteringMatchMachineResponseNotificationHandler 和 TableJoiningPushNotificationHandler，前者是用来对进入匹配机的响应进行处理的，后者是对加入桌面的推送进行处理的。

第22~27行，覆盖了基类的$onSetup 方法，在该方法里对"遭遇战"按钮进行绑定，并为其指定一个触摸事件回调方法。

第29~35行，onEncounterButtonTouch 方法是"遭遇战"按钮的触摸事件回调方法，在这个方法里，会向后台发送一个进入匹配机的请求，该请求的参数是匹配机的名称。

第37~39行，showWaitingDialog 方法是用来显示匹配等待对话框的，它会在EnteringMatchMachineResponseNotificationHandler 里被调用。

第41~43行，closeWaitingDialog 方法是用来关闭匹配等待对话框的，它会在TableJoiningPushNotificationHandler 里被调用。

第45~50行，覆盖了基类的$onRecover 方法，当当前场景在场景堆栈中重新置顶的时候就会回调这个方法。在该方法里，会向后台发送进入空间的请求，该请求的参数是空间的名称"lobby"，这个名称也是当前项目大厅的名称。

（3）通知处理器

有两个消息处理器注册给了 LobbyScene，它们分别是 EnteringMatchMachineResponse-NotificationHandler 和 TableJoiningPushNotificationHandler。

以下是 EnteringMatchMachineResponseNotificationHandler 的代码：

```
1    module site.aarontree.projects.aarons_chess {
2        export class EnteringMatchMachineResponseNotificationHandler extends
3            sparrow.ts.core.NotificationHandler {
4            public constructor() {
5                super(sparrow.core.EnteringMatchMachineResponseProxy
6                    .NOTIFICATION_NAME);
7            }
8
9            public $handle(mediator: sparrow.ts.core.Mediator, data: any): void {
10               let lobbyScene = mediator.getViewComponent() as LobbyScene;
11               lobbyScene.showWaitingDialog();
12           }
13       }
14   }
```

代码意图：

当玩家单击"遭遇战"按钮之后，就会向后台发送进入匹配机的请求，那么

EnteringMatchMachineResponse 就是对应的响应，这个通知处理器就是用来处理这个响应的。对这个响应的处理，也只是简单地显示匹配等待对话框。

代码解析：

第 9～12 行，实现了基类的 $handle 方法，可以看出来，对这个响应的处理只是让 LobbyScene 显示匹配等待对话框。

以下是 TableJoiningPushNotificationHandler 的代码：

```
1    module site.aarontree.projects.aarons_chess {
2        export class TableJoiningPushNotificationHandler extends
3            sparrow.ts.core.NotificationHandler {
4            public constructor() {
5                super(sparrow.games.chess.TableJoiningPushProxy
6                    .NOTIFICATION_NAME);
7            }
8
9            public $handle(mediator: sparrow.ts.core.Mediator, data: any): void {
10               if(data.side == sparrow.games.chess.Constants.WHITE_SIDE) {
11                   sparrow.core.Director.getInstance().pushScene(new
12                       ChessTableSceneForWhitePlayer());
13               } else if(data.side == sparrow.games.chess.Constants.BLACK_SIDE) {
14                   sparrow.core.Director.getInstance().pushScene(new
15                       ChessTableSceneForBlackPlayer());
16               }
17               let lobbyScene = mediator.getViewComponent() as LobbyScene;
18               lobbyScene.closeWaitingDialog();
19               sparrow.ts.common.Debug.getInstance().inject(()=>{
20                   egret.log(data);
21               })
22           }
23       }
24   }
```

代码意图：

当后台推送了 TableJoiningPush（加入桌面推送）之后，就说明有另外一个玩家进入了匹配机，然后后台会为各自的代理玩家创建棋盘桌面，并让这两个代理玩家加入桌面。这时候，就需要在客户端创建对应的棋盘桌面场景，也就是正式的游戏界面。所以需要对 TableJoiningPush 的消息进行处理。

代码解析：

第 4～7 行，在构造函数里，向基类的构造函数传递它感兴趣的通知名称。

第 9～23 行，实现了基类的 $handle 方法，在该方法里，根据推送返回的玩家能控制的棋子的颜色，来创建对应的棋盘场景，棋盘场景分两种，一种是控制白色棋子的，一种是控制黑色棋子的。然后关闭匹配等待对话框。

（4）对话框

LobbyScene 场景里有一个对话框——WaitingForMatchingDialog，它表示等待匹配的对话框，当在前端单击"遭遇战"按钮之后就会弹出这个对话框。

WaitingForMatchingDialog 继承于 WaitingDialog，这样的目的是为了让 WaitingDialog 能够重复使用。

以下是 WaitingDialog 皮肤 WaitingDialogSkin.exml 的外表，如图 11-5 所示：

图 11-5　等待匹配对话框的皮肤外观

以下是该皮肤对应的层级面板，如图 11-6 所示：

图 11-6　等待匹配对话框皮肤对应的层级面板

可以看出，这个皮肤由一个背景图片、一个取消按钮、一个对话框标题、一个对话框消息内容以及一个等待提示动画组成。

以下是该皮肤对应的代码：

```
1    module site.aarontree.projects.aarons_chess {
2        export class WaitingDialog extends sparrow.games.common.Dialog {
3            public static readonly MEDIATOR_NAME = 'WaitingDialog';
4
5            public static readonly SKIN_NAME = 'WaitingDialogSkin';
6
7            private title: string;
8
9            private content: string;
10
11           public constructor(title: string, content: string) {
12               super(WaitingDialog.MEDIATOR_NAME,
13                   WaitingDialog.SKIN_NAME, true);
```

```
14              this.title = title;
15              this.content = content;
16          }
17
18          protected $onSetup(): void {
19              let title: eui.Label = this.getChildByName('Title') as eui.Label;
20              title.text = this.title;
21
22              let content: eui.Label = this.getChildByName('Content') as eui.Label;
23              content.text = this.content;
24
25              let cancelButton: eui.Button = this.getChildByName('CancelButton')
26                  as eui.Button;
27              cancelButton.addEventListener(egret.TouchEvent.TOUCH_TAP,
28                  this.onCancelButtonTouch, this);
29          }
30
31          protected onCancelButtonTouch(evt: egret.TouchEvent): void {
32
33          }
34      }
35  }
```

以下是 WaitingForMatchingDialog 的代码：

```
1   module site.aarontree.projects.aarons_chess {
2       export class WaitingForMatchingDialog extends WaitingDialog {
3           public constructor() {
4               super('提示', '等待匹配');
5           }
6
7           protected onCancelButtonTouch(evt: egret.TouchEvent): void {
8               this.mediator.sendData(sparrow.core
9                   .LeavingMatchMachineRequestCommand.NOTIFICATION_NAME,
10                  {}, 0=> {
11                      this.close();
12              });
13          }
14      }
15  }
```

第 7~13 行，当单击对话框的"取消"按钮之后就会回调 onCancelButtonTouch 方法，在这个方法里，发送了退出匹配机的请求，并且在收到这个请求对应的响应之后关闭当前对话框。

11.1.3　ChessTableScene 棋盘桌面游戏场景

ChessTableScene 是本项目的正式游戏场景，它有两个子类——ChessTableSceneForWhitePlayer

和 ChessTableSceneForBlackPlayer，分别表示白方玩家的场景和黑方玩家的场景。之所以分为两个场景，是因为双方玩家的视角是不一样的。

接下来以 ChessTableSceneForWhitePlayer 为例来讲解这个游戏界面。

（1）皮肤

ChessTableSceneForWhitePlayer 的皮肤是 ChessTableSceneForWhitePlayerSkin.exml。以下是 ChessTableSceneForWhitePlayerSkin.exml 的外观，如图 11-7 所示：

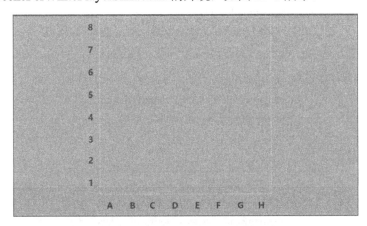

图 11-7　ChessTableSceneForWhitePlayer 的皮肤

以下是该皮肤的层级面板，如图 11-8 所示：

图 11-8　ChessTableSceneForWhitePlayer 的皮肤的层级面板

其中 Image 是皮肤的背景。ChessBoardViewComponentForWhitePlayer 是上一章提及的白方玩家的棋盘，它是 ViewComponent 的子类，所以它会出现在皮肤编辑器的组件工具箱的自定义分组里，所以从这里拖拽自定义组件就可以了，这样就做到了自定义组件的重复利用。

（2）实现代码

以下是 ChessTableSceneForWhitePlayer 的基类 ChessTableScene 的代码：

```
1    module site.aarontree.projects.aarons_chess {
2        export class ChessTableScene extends sparrow.core.Scene {
3            public constructor(sceneName: string, mediatorName: string,
4                skinName: string) {
5                super(sceneName, mediatorName, skinName,
6                    sparrow.core.Director.getInstance()
7                    .getProxyServer(Constants.PROXY_SERVER_NAME));
8            }
9
```

```
10              private gettingReadyDialog = new GettingReadyDialog();
11
12              protected $onSetup(): void {
13                      this.addEventListener(egret.Event.RENDER,
14                          this.showGettingReadyDialog, this);
15              }
16
17              public showGettingReadyDialog(): void {
18                      this.showContextComponent(this.gettingReadyDialog);
19              }
20
21              public hideGettingReadyDialog(): void {
22                      this.removeChild(this.gettingReadyDialog)
23                      this.gettingReadyDialog.visible = false;
24              }
25
26              public $addNotificationHandlers(notificationHandlerGroup:
27                      sparrow.ts.common.Group<sparrow.ts.core.NotificationHandler>): void {
28                      notificationHandlerGroup.addElement(new
29                          GettingReadyResponseNotificationHandler());
30                      notificationHandlerGroup.addElement(new
31                          CheckmatePushNotificationHandler());
32              }
33
34              public showCheckmateDialog(winnerColor: string) {
35                      let dialog = new CheckmateDialog(winnerColor);
36                      this.showContextComponent(dialog);
37              }
38      }
39  }
```

第 10 行，成员对象 gettingReadyDialog 是准备对话框，当玩家准备好了，就可以单击这个对话框开始游戏。

第 12～15 行，覆盖基类的 $onSetup 方法，在该方法里，为 egret.Event.RENDER 事件添加了一个回调方法，让该场景在显示的时候执行 showGettingReadyDialog 方法。

第 17～19 行，showGettingReadyDialog 方法对准备对话框进行显示。

第 21～24 行，hideGettingReadyDialog 方法对准备对话框进行隐藏。

第 26～32 行，覆盖基类的 $addNotificationHandlers 方法，在这个方法里，向场景注册了两个通知处理器——GettingReadyResponseNotificationHandler 和 CheckmatePushNotificationHandler，前者是对准备请求对应的响应进行处理的通知处理器，后者是对将死推送进行处理的通知处理器。

第 34～38 行，showCheckmateDialog 方法用来显示将死对话框，在发生将死事件的时候就会执行这个方法，这意味着游戏结束了。

以下是 ChessTableScene 的子类 ChessTableSceneForWhitePlayer 的代码：

```
1    module site.aarontree.projects.aarons_chess {
2        export class ChessTableSceneForWhitePlayer extends ChessTableScene {
3            public static readonly SCENE_NAME = 'ChessTableSceneForWhitePlayer';
4
5            public static readonly SKIN_NAME = 'ChessTableSceneForWhitePlayerSkin';
6
7            public constructor() {
8                super(ChessTableSceneForWhitePlayer.SCENE_NAME,
9                    ChessTableSceneForWhitePlayer.SCENE_NAME,
10                   ChessTableSceneForWhitePlayer.SKIN_NAME);
11           }
12       }
13   }
```

可以看出 ChessTableScene 的子类只需要指定场景名称和皮肤名称。

（3）通知处理器

ChessTableScene 有两个通知处理器——GettingReadyResponseNotificationHandler 和 CheckmatePushNotificationHandler，接下来详解这两个通知处理器。

以下是 GettingReadyResponseNotificationHandler 的代码，它表示对准备请求对应的响应进行处理的通知处理器：

```
1    module site.aarontree.projects.aarons_chess {
2        export class GettingReadyResponseNotificationHandler extends
3            sparrow.ts.core.NotificationHandler {
4            public constructor() {
5                super(sparrow.core.GettingReadyResponseProxy
6                    .NOTIFICATION_NAME);
7            }
8
9            public $handle(mediator: sparrow.ts.core.Mediator, data: any) {
10               let chessTableScene = mediator.getViewComponent()
11                   as ChessTableScene;
12               chessTableScene.hideGettingReadyDialog();
13           }
14       }
15   }
```

可以看出，这个通知处理器对准备响应的处理就是隐藏准备对话框。

以下是 CheckmatePushNotificationHandler 的代码，它表示对将死推送进行处理的通知处理器：

```
1    module site.aarontree.projects.aarons_chess {
2        export class CheckmatePushNotificationHandler extends
3            sparrow.ts.core.NotificationHandler {
4            public constructor() {
5                super(sparrow.games.chess.CheckmatePushProxy
```

```
6                      .NOTIFICATION_NAME);
7                  }
8
9              public $handle(mediator: sparrow.ts.core.Mediator, data: any) {
10                 let chessTableScene = mediator.getViewComponent()
11                     as ChessTableScene;
12                 let winner = data.winner as string;
13                 switch(winner) {
14                     case sparrow.games.chess.Constants.WHITE_SIDE:
15                         chessTableScene.showCheckmateDialog(sparrow.games.chess
16                             .Constants.PIECE_COLOR_WHITE);
17                         break;
18                     case sparrow.games.chess.Constants.BLACK_SIDE:
19                         chessTableScene.showCheckmateDialog(sparrow.games.chess
20                             .Constants.PIECE_COLOR_BLACK);
21                         break;
22                 }
23             }
24         }
25     }
```

可以看出，对将死推送的处理只是显示对应的将死对话框。

（4）对话框

在 ChessTableScene 里有两个对话框——GettingReadyDialog 和 CheckmateDialog，前者是准备按钮对话框，后者是将死对话框，在将死的时候就会显示这个对话框。接下来详解这两个对话框。

以下是 GettingReadyDialog 的皮肤 GettingReadyDialogSkin.exml 的外观，如图 11-9 所示；以下是该皮肤对应的层级面板里的内容，如图 11-10 所示：

图 11-9　GettingReady$Dialog 的皮肤　　　　图 11-10　层级面板里的内容

可以看出来，这个皮肤里只有一个按钮。

以下是 GettingReadyDialog 的代码：

```
1     module site.aarontree.projects.aarons_chess {
2         export class GettingReadyDialog extends sparrow.games.common.Dialog {
3             public static readonly MEDIATOR_NAME = 'GettingReadyDialog';
4
5             public static readonly SKIN_NAME = 'GettingReadyDialogSkin';
6
```

```
7              public constructor() {
8                  super(GettingReadyDialog.MEDIATOR_NAME,
9                      GettingReadyDialog.SKIN_NAME, true);
10             }
11
12             protected $onSetup(): void {
13                 let button = this.getChildByName('GettingReadyButton') as eui.Button;
14                 button.addEventListener(egret.TouchEvent.TOUCH_TAP,
15                     this.onButtonTouch, this);
16             }
17
18             private onButtonTouch(evt: egret.TouchEvent): void {
19                 this.mediator.sendData(sparrow.core.GettingReadyRequestCommand
20                     .NOTIFICATION_NAME, {});
21             }
22         }
23     }
```

代码意图：

在开始对局之前，双方玩家需要单击准备按钮，从而向后台发送准备请求，只有当双方都发送了准备请求之后，游戏才能正式开始。这个对话框就是用来让玩家发送准备请求的，而且这个对话框是模态的。

代码解析：

可以看出来，在$onSetup 方法里，将皮肤里的按钮绑定一个触摸事件回调方法，在这个回调方法里，向后台发送了一个准备的请求。

接下来详解 CheckmateDialog。

以下是 CheckmateDialog 的皮肤——CheckmateDialogSkin.exml 的外观，如图 11-11 所示：

以下是该皮肤的层级面板，如图 11-12 所示：

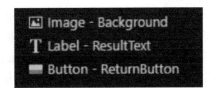

图 11-11　CheckmateDialog 的皮肤　　　图 11-12　CheckmateDialog 皮肤的层级面板

这个皮肤里有一个背景图片，一个显示游戏结果的文字，还有一个返回到大厅的按钮。

以下是 CheckmateDialog 的代码：

```
1    module site.aarontree.projects.aarons_chess {
2        export class CheckmateDialog extends sparrow.games.common.Dialog {
3            public constructor(winnerColor: string) {
4                super('CheckmateDialog', 'CheckmateDialogSkin', true);
5                this.winnerColor = winnerColor;
6            }
7
8            private winnerColor: string;
9
10           protected $onSetup(): void {
11               let resultText = this.getDescendantByName('ResultText') as eui.Label;
12               switch(this.winnerColor) {
13                   case sparrow.games.chess.Constants.PIECE_COLOR_WHITE:
14                       resultText.text = '白方获胜';
15                       break;
16                   case sparrow.games.chess.Constants.PIECE_COLOR_BLACK:
17                       resultText.text = '黑方获胜';
18                       break;
19               }
20               let returnButton = this.getDescendantByName('ReturnButton')
21                   as eui.Button;
22               returnButton.addEventListener(egret.TouchEvent.TOUCH_TAP,
23                   this.onReturnButtonTap, this);
24           }
25
26           private onReturnButtonTap() {
27               sparrow.core.Director.getInstance().popScene();
28           }
29       }
30   }
```

代码意图：

当游戏发生将死事件的时候，就会弹出这个对话框，在对话框里会显示游戏的结果：如果白方获胜，就会显示"白方获胜"，反之显示"黑方获胜"。单击里面的"返回大厅"按钮会返回大厅场景。

代码解析：

第 3～5 行，构造函数需要指定胜利方的颜色。

第 8 行，成员变量 winnerColor 用来暂存胜利方颜色。

第 10～24 行，覆盖了基类的$onSetup 方法，在该方法里，根据胜利方的颜色设置游戏结果的文字，然后给"返回大厅"按钮添加触摸事件响应方法。

第 26～28 行，onReturnButtonTap 方法是"返回大厅"按钮的触摸事件回调方法，在这个方法里，将当前场景弹出场景堆栈，这样就返回到大厅场景。

11.2　整合后台

在最终的后台项目 AaronsChessServer 里，依赖了 nest-core、nest-common、nest-games-chess 以及 JCommon 这四个库，通过项目的构建文件就能看出来。AaronsChessServer 的 git 地址可以在本书的附录中找到。

AaronsChessServer 里一共有四个类：

● NestConfiguration：nest 项目的配置文件。

● AaronsChessLobby：最终项目里的大厅。

● ProxyPlayer：最终项目里的代理玩家。

● Main：最终项目里的主类。

接下来详解这些类。

11.2.1　NestConfiguration 游戏后台配置

以下是 NestConfiguration 的代码：

```
1    @ComponentScan(basePackages = {
2            "site.aarontree",
3            "site.aarontree.frameworks.nest.core",
4            "site.aarontree.frameworks.nest.games.common",
5            "site.aarontree.frameworks.nest.games.chess",
6            "site.aarontree.projects.aarons_chess"
7    })
8    @ClassScan(basePackages = {"site.aarontree.frameworks.nest.games.chess",
9            "site.aarontree.frameworks.nest.core"})
10   public class NestConfiguration extends BaseConfiguration {
11       @Override
12       public Server server() {
13           return new WebSocketBinaryWithProtobufServer(8001);
14       }
15
16       @Override
17       public Lobby lobby() {
18           return new AaronsChessLobby();
19       }
20       @Bean
21       public ChessRoom chessRoom() {
22           return new ChessRoom();
23       }
24   }
```

第 1~7 行，注解 ComponentScan 扫描了它参数里的几个包，在这个包中，有 JCommon 的路径，这样就能扫描到 ClassScanner 的 Bean 了。

第 8~9 行，ClassScan 是 JCommon 自带的类扫描注解，它会扫描到带有注解 PPARequest

的类。

第 12～14 行，实现了基类的 server 方法，在方法里，返回 Server 的具体类，在这里返回的是一个 WebSocketBinaryWithProtobufServer 的实例，而且端口号是 8001。

第 30～32 行，实现了基类的 Lobby 方法，在方法里，返回 Lobby 的具体类，在这里返回的是一个 AaronsChessLobby 的实例，这个类是自定义的。

第 33～36 行，定义了一个 ChessRoom 的 Bean，这个在进入房间的功能里要用到。

11.2.2　AaronsChessLobby 游戏的大厅

以下是 AaronsChessLobby 的代码：

```
1    public class AaronsChessLobby extends Lobby<ProxyPlayer> {
2        public AaronsChessLobby() {
3            super("AaronsChessLobby");
4        }
5        @Override
6        public ProxyPlayer createProxyPlayer() {
7            return new ProxyPlayer();
8        }
9
10       @Override
11       protected void createMatchMachines() {
12           ChessRoom chessRoom = NestRoot.getInstance().getBean(ChessRoom.class);
13           addMatchMachine(new SimpleMatchMachine("EncounterMatchMachine",
14               2, chessRoom));
15       }
16   }
```

第 6～8 行，实现了基类的 createProxyPlayer 方法，在这个方法里，返回了一个该项目的代理玩家实例。

第 11～15 行，实现了基类的 createMatchMachines 方法，在这个方法里，添加了一个 SimpleMatchMachine，这个匹配机里有两个代理玩家的位置。

11.2.3　ProxyPlayer 游戏的代理玩家

以下是 ProxyPlayer 的代码：

```
1    public class ProxyPlayer extends ProxyPlayerPlayingChess {
2    }
```

ProxyPlayer 只是单纯地继承了 ProxyPlayerPlayingChess，虽然与 site.aarontree.frameworks.nest.core.proxy_players.ProxyPlayer 的名称一样，但是实现是不一样的，这里要注意区分。

11.2.4　Main 游戏的启动主类

以下是 Main 类的代码：

```
1    public class Main {
```

```
2          public static void main(String[] args) {
3              NestRoot.getInstance().config(NestConfiguration.class);
4              try {
5                  NestRoot.getInstance().run();
6              } catch (Exception e) {
7                  e.printStackTrace();
8              }
9          }
10     }
```

第 3 行，NestRoot 通过项目的 NestConfiguration 类来配置项目。

11.3　连接前端与后台

接下来就连接一下最终项目的前端和后台，来看一下效果。

首先启动后台项目，然后再启动两个前端项目。

前端进入到如下的界面，如图 11-13 所示：

图 11-13　前端项目的起始界面

如果是在本地部署的前端程序，那么资源加载的速度会非常快，基本上看不到资源加载界面。

单击 "遭遇战" 按钮之后，后台的代理玩家就会进入匹配机去等待另外一个玩家加入匹配机，同时控制台会打印出调试消息，如图 11-14 所示：

图 11-14　等待匹配

　　然后当另外一个前端程序里单击了"遭遇战"按钮之后，游戏就正式开始了，如图 11-15 所示：

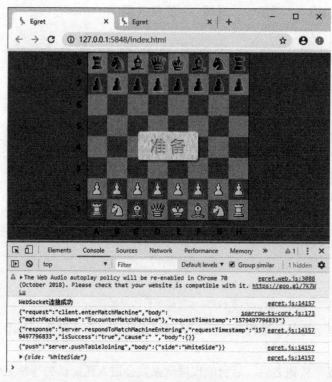

图 11-15　游戏正式开始

然后双方单击"准备"按钮之后,白方就可以走棋了。

接下来读者可以尝试一种快速赢棋的走法来体验这个项目,这种走法称为"学士杀王",该走法最适合用最快的方式来战胜国际象棋新手。以下是"学士杀王"的棋谱:

1. e4 e5 2. Qh5 Nc6 3. Bc4 Nf6 4. Qf7#

将死黑方的王之后,会弹出游戏结束对话框,如图 11-16 所示:

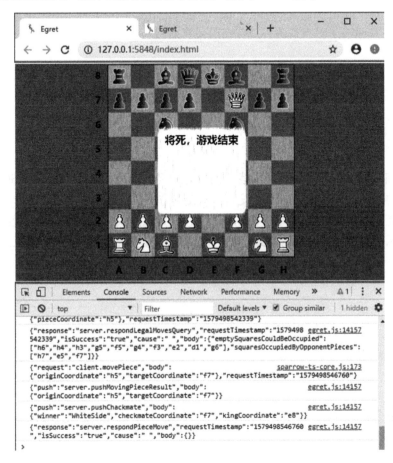

图 11-16 游戏结束对话框

单击"返回大厅"按钮之后,将会回到大厅界面。

如果想要去掉控制台里的调试信息,可以在前端项目的 Main 类里修改一处代码:

```
1    namespace site.aarontree.projects.aarons_chess {
2        export class Main extends sparrow.core.Entry {
3            protected $initialize(): void {
4                sparrow.ts.common.Debug.getInstance().off();
5                this.assignProxyServer();
6            }
7
8            private assignProxyServer(): void {
9                let proxyServer = new sparrow.core
```

```
10                      .WebSocketWithProtoBufProxyServer(Constants
11                      .PROXY_SERVER_NAME);
12              sparrow.core.Director.getInstance().addProxyServer(proxyServer);
13              proxyServer.connect('ws://localhost:8001/ws').then(()=>{
14                  sparrow.core.ResourceManager.getInstance()
15                      .initialize(new DefaultResourceLoadListener());
16              });
17          }
18      }
19  }
```

黑体字就是需要做出改变的地方。

11.4 本章小结

本章详细讲解了本书游戏开发实战项目中的最终前端和后台程序的实现细节，希望读者通过对本章的学习，能够掌握游戏开发的基本使用方法。

下一章笔者将向读者详细讲解本书所介绍的框架和游戏开发实战项目里运用的设计原则和模式，揭示笔者的开发和设计思路。读者可以借用这些设计思路去设计自己的项目，从而实现举一反三。

第12章　设计原则与模式

品德成功论植根于一个基本信念之上，那就是人生有些原则是指向成功圆满的明灯，相当于人世间的自然法则，又仿佛自然科学的定理，放诸四海而皆准，任何人都无法否定其存在或正确性。

—— 史蒂芬·柯维　《高效能人士的七个习惯》作者

柯维博士在书中描述的这些话，说明了原则的重要性。人可以控制自己的行为，但是行为所对应的结果是由原则和自然法则控制的。如果人们想要达成结果，就要运用对应的原则和自然法则。

当技术人员去定位卫星的时候，如果离地球稍微近一些，卫星就会掉落到地面上；如果稍远一些，卫星就会飘向宇宙深处，从而失去控制。那么技术人员是怎么知道，他放置的位置是正好的，从而让卫星绕地球公转呢？如果读者学习过高中物理，肯定知道技术人员是运用了牛顿的万有引力定律。这是一个运用自然法则从而达成结果的例子。

再比如三峡大坝，它是利用水从高处向低处流动所产生的势能，然后将这种势能转换为电能，从而发电的。原则与自然法则类似，如果运用得当，也能达到想要的结果。

在游戏开发和程序设计领域同样拥有类似作用的原则，这些原则能引领开发者走向一种更科学，更专业的职业道路，从而达成结果。运用原则要求开发者不再随心所欲（读者清楚这样做的后果），更具适当的约束力，但是不乏创造力。

设计模式代表的是前人总结的设计经验，别人可以重复使用的解决方案。大多数设计模式是符合设计原则的。从原则和模式的贡献者可以看出，这些属于集体智慧。

在运用原则从而形成习惯的过程中，很可能涉及思维的转换。有时候思维的转换，就像正在升空的火箭，在它摆脱引力的约束之前，消耗的能源是最多的；但是当它一旦摆脱了引力的约束，它将自由飞翔。

本章将讨论如下在本书介绍的开发框架和游戏实战项目中运用的设计原则及模式：

- 依赖倒置原则；
- 开放封闭原则；
- 职责链模式；
- 工厂模式；
- 使用接口和抽象类编程原则；
- 命令模式；
- 解释器模式；
- 状态模式。

12.1　依赖倒置原则

做过软件的开发者知道，软件开发的一个重要特征就是变化。许多开发者肯定会因为需求的不断变化让自己头痛不已。下面就介绍一种可以应对变化的原则——依赖倒置原则。

读者可能要抱怨了，怎么可能预测所有的变化呢？开发者无法预测所有的变化，但是能预测变化范围。编程就是打比方，面向对象编程就是一系列的语义组成的，变化的范围就限制在这些比喻所拥有的语义当中。比如鸟类，它是不可能有钻地行为的（穿山甲则会有这个行为）。

在《敏捷软件开发：原则、模式与实践》这本书中，作者 Robot C. Martin 指出了依赖倒置的含义：

1）高层模块不应该依赖于低层模块。二者都应该依赖于抽象。

2）抽象不应该依赖于细节。细节应该依赖于抽象。

接下来通过一个类图来讲解这个含义的意思。如图 12-1 所示：

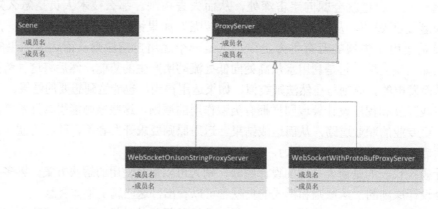

图 12-1　Scene 与 ProxyServer 的依赖关系

这个类图反映了 sparrow-egret 里的 Scene 和 ProxyServer 的依赖关系，其中 ProxyServer 是一个抽象类，它的两个子类 WebSocketOnJsonStringProxyServer 和 WebSocketWithProtoBufProxyServer 分别是两种不同的实现。

在这里，Scene 就是高层模块，WebSocketOnJsonStringProxyServer 和 WebSocketWithProto-BufProxyServer 是低层模块。让高层模块 Scene 依赖于一个抽象类，而不是一个具体的低层模块，这样就能在编译之前或者运行时切换实现，这都是通过面向对象的多态特性来实现的。

为什么说这个依赖关系是倒置的呢？因为继承也是一种依赖关系，从继承图中看，这种位置确实是倒置的。

12.2　开放封闭原则与去除 switch 语句和 if 语句的职责链模式

接下来介绍另外一种应对变化的原则——开放封闭原则。《敏捷软件开发：原则、模式与实践》中对这个原则是这样描述的：

软件实体（类、模块、函数等）应该是可以扩展的，但是不可修改。

这就是说，对于扩展是开放的，但是对于修改是封闭的。

读者可能就会感觉到，这两个特征是矛盾的，因为有的读者可能认为，扩展模块的通常方式，就是修改模块的源代码。其实这里指的是要通过另外两种方式来实现扩展，那就是继承与组合（将一个类的对象作为另外一个类的成员对象）。

读者很可能编写过请求的处理代码。传统的请求处理代码一般是在一个类的方法里写一个很长的 switch-case 语句，当有一个新的请求需要处理，就添加一个 case 语句，甚至还会添加很多 if-else 语句。首先一点，该方案是脆弱的，因为有许多既难查找又难理解的 switch-case 或者 if-else 语句，而且各个请求的处理没有形成清晰的边界，从而很容易产生错误。而且也违反了开放封闭原则，因为一旦需要添加一个新的请求的处理，就需要修改这个 switch-case 语句。

接下来介绍一种能够消除 switch-case 和 if-else 语句的设计模式——职责链模式。

在《设计模式：可复用面向对象软件的基础》一书中，作者是这样描述职责链模式的：

使多个对象都有机会处理请求，从而避免请求的发送者和接收者之间的耦合关系。将这些对象连成一条链，并沿着这条链传递该请求，直到有一个对象处理它为止。

接下来看一下在 JCommon 里笔者是如何处理请求的。

当客户端发送过来表示请求的 JSON 字符串（无论前端和后台是如何解码和编码消息的，最终都要转化为 JSON 字符串），RequestFactory（请求工厂）会接收到这个字符串，然后生成对应的请求（Request）对象。以下是 RequestFactory 类的代码：

```
1   public class RequestFactory {
2       private List<RequestBuilder> requestBuilderList = new ArrayList<>();
3
4       public RequestFactory() {
5
6       }
7
8       public Request create(String jsonString) throws Exception {
9           ObjectMapper objectMapper = new ObjectMapper();
10          TypeReference reference = new TypeReference<Object>() {};
11          Map<String, Object> map = objectMapper.readValue(jsonString, reference);
12          String requestName = (String)map.get("request");
13          for (RequestBuilder requestBuilder : requestBuilderList) {
14              if(requestName.equals(requestBuilder.getRequestName())) {
15                  return requestBuilder.build(jsonString);
16              }
17          }
18          return null;
19      }
20
21      public void addRequestBuilder(RequestBuilder requestBuilder) {
22          requestBuilderList.add(requestBuilder);
23      }
```

```
24
25          private static RequestFactory instance = new RequestFactory();
26
27          public static RequestFactory getInstance() {
28              return instance;
29          }
30      }
```

在第 8～19 行的 create 方法里，首先获取 JSON 字符串里的请求名称（request name）字段，然后遍历 requestBuilderList，寻找与该请求名称匹配的 RequestBuilder，最后由这个 RequestBuilder 去构建请求对象。其中的 requestBuilderList 就是这个模式里的链条，其中的每个 RequestBuilder 对象就是处理请求的对象。

职责链模式将代码的逻辑放到单独的类文件里，所以相对 switch-case 和 if-else 语句，会让代码形成清晰的边界，隔离了不相关的代码，提高了内聚性，降低了耦合度。关注点分离了，开发者自然就相对轻松了。

这里不是在全盘否定 switch-case 语句和 if-else 语句，使用这些语句的前提是，开发者清楚判断的情况不会再增长。举个例子，比如 nest-games-chess 项目里的 Piece.Color 枚举类型，以下是它的代码：

```
1    public enum Color {
2        WHITE, BLACK;
3
4        public boolean isDifferentWith(Color color) {
5            return this != color;
6        }
7
8        public String colorIdentifier() {
9            switch(this) {
10               case WHITE:
11                   return "W";
12               case BLACK:
13                   return "B";
14           }
15           return "";
16       }
17
18       public Color oppositeColor() {
19           if(this == WHITE) {
20               return BLACK;
21           }
22           return WHITE;
23       }
24   }
```

第 8～16 行的 colorIdentifier 方法里有个 switch 语句，因为棋子的颜色就两种，不会再增加新的颜色。

在目前这些框架和模块里，不仅请求的处理使用了职责链模式，而且在前端的响应和推送的处理，nest-games-chess 模块里的查询策略、表达式生成器以及表达式的执行等，也都使用了这个模式。

 12.3　工厂模式和使用接口和抽象类编程原则

在《设计模式：可复用面向对象软件的基础》一书中，作者是这样描述工厂模式的意图的：定义一个用于创建对象的接口，让子类决定实例化哪一类。工厂方法使一个类的实例化延迟到其子类。

在 JCommon 里的 RequestHandler 类就使用了这个模式，以下是该类的代码：

```
1    public class RequestHandler {
2        private IProxyPerformer proxyPerformer;
3
4        public RequestHandler(IProxyPerformer proxyPerformer) {
5            this.proxyPerformer = proxyPerformer;
6        }
7
8        public IProxyPerformer getProxyPerformer() {
9            return proxyPerformer;
10       }
11
12       /**
13        *
14        * @param message  是一个 json 字符串
15        * @return
16        * @throws Exception
17        */
18       public Response read(String message) throws Exception {
19           Request request = RequestFactory.getInstance().create(message);
20           Response response = null;
21           if(request != null) {
22               Action action = request.$createAction();
23               if(action != null) {
24                   synchronized (this) {
25                       response = proxyPerformer.$$performAction(action);
26                   }
27                   if(response != null) {
28                       response.setRequestTimestamp(request
29                           .getRequestTimestamp());
30                   }
31               }
32           }
33           return response;
```

```
34        }
35   }
```

RequestHandler 类主要是对请求进行处理，并且返回给客户端一个响应。

第 18～34 行的 read 方法就是对传入的 JSON 字符串所表示的请求进行处理的。

在第 22 行，具体的 Action 对象是由具体的 Request 子类对象创建的，这样就将具体的请求的处理方法延迟到了 Request 的子类，这样这段代码可以保持不变，可以重复使用，开发者只要实现具体的 Action 的子类就可以了（开发者不用实现具体的 Request 子类，因为它可以由 TreeBranch 自动生成）。这段代码也能体现 PPA 的执行流程。

在《面向对象的思考过程》第 4 版的第 8 章中，作者指出：接口、协议和抽象类是代码重用的重要机制，提供了所谓契约这一功能。

在《Head First 设计模式》的第 2 章中，作者也提出了这样的原则：针对接口编程，不针对实现编程。

由此可见，接口和抽象类是框架的基础，它们提供了可重复使用的代码。

12.4　命令模式

命令模式的目的和价值应该是这样的：将一个请求封闭为一个对象，从而使用户可用不同的请求对客户进行参数化；对请求排队或记录请求日志，以及支持可撤销的操作。

比如在 Word 程序中，用户的每个操作就是一个命令，而且这个命令可以撤销（unexecute），这些命令对象是存放在一个链式容器里的。

又如在回合制游戏中，当玩家想到要实现退回上一回合或悔棋功能的时候，就想到了命令模式，因为这个模式可以实现撤销功能，跟悔棋的效果是一样的。

对于 nest-games-chess 的悔棋功能，读者可以去翻阅第 10 章对 ManualExpressionExecutor、BoutExpression、StepExpression 以及 Command 的讲解。其中，ManualExpressionExecutor 是 Command 的间接链式容器。

12.5　解释器模式

解释器模式即：给定一个语言，定义它的文法的一种表示，并定义一个解释器，这个解释器使用该表示来解释语言中的句子。

在第 10.3.9 节中，读者了解到，当客户端向后台发送了一个棋子移动的请求，这个请求的附带的数据分别是起子点和落子点，如果只根据这两个数据，是没办法判断走法是否合法的。而且以后还要实现回放对战历史记录的功能，这就需要有个类去产生一个字符串表达式，这个表达式表明了棋子的一次移动，这样，这些表达式的组合就能存储在数据库中，在回放的时候进行播放。10.3.9 节介绍的 ExpressionGenerator 类就是负责产生字符串表达式的，但是它不能判断移动是否合法。

在 10.3.10 节介绍的 ManualExpressionExecutor 类，它有一个 interpret 方法，该方法的参数就是 ExpressionGenerator 产生的字符串表达式，这个方法会将这个字符串表达式转变成对应的具体的 StepExpression，而且这个方法能判断移动是否合法。

12.6　状态模式

状态模式是允许一个对象在其内部状态改变时改变它的行为。在国际象棋的游戏项目中，棋盘视图 ChessBoardViewComponent 就使用了状态模式。读者可以回顾一下第 10.2.4 节去查看这个模式是如何实现的。

12.7　本章小结

本章讲解了笔者开发的这些框架和模块的设计思路，设计模式和原则是这些思路的基础。

笔者是在几年前无意中了解到设计模式的，读了一些这方面的书，包括《设计模式：可复用面向对象软件的基础》，但是觉得这本并不适合初学者。其实笔者是在读到《设计模式解析》第 2 版的时候才真正入门的，这本书非常适合初学者。再有就是《Head First 设计模式》这本书也非常适合初学者，而且里面讲述了更多的游戏相关的编程原则。

如果读者没有设计模式的相关经验，最好先去阅读《设计模式解析》这本书，然后回过头再看本章的内容。

我们在游戏开发中，会面临很多问题，如前期可能是大量的需求更改，中期要求敏捷开发，后期需要提供稳定的游戏框架支撑百万甚至千万级用户，这时设计原则和模式是否合理就是一个非常关键的问题，关乎于游戏开发的周期长短甚至成败与否，所以需要读者在平时进行游戏开发时候多多留心和积累经验，方能提升水平，真正开发出属于自己的高水平游戏项目。

附录　本书附带的资源

1．书中项目模块 Git 地址

名称	下载地址	名称	下载地址
前端框架和模块 sparrow-ts-core		前端框架和模块 sparrow-ts-common	
前端框架和模块 sparrow-ts-math		前端框架和模块 sparrow-ts-common -protobufjs	
前端框架和模块 sparrow-egret-core		前端框架和模块 sparrow-egret-common	
前端框架和模块 sparrow-egret-games-common		前端框架和模块 sparrow-egret-games-chess	
前端框架和模块 AaronsChessClient		后台框架和模块 JCommon	
后台框架和模块 nest-core		后台框架和模块 nest-common	
后台框架和模块 nest-games-chess		后台框架和模块 AaronsChessServer	
辅助工具和协议配置 TreeBranch		辅助工具和协议配置 ProtocolJsonConfig	

2．书中源码与安装程序下载地址：

扫描关注机械工业出版社计算机分社官方微信订阅号"IT 有得聊"，即可获取本书源码与安装程序下载链接，并可获得更多增值服务和最新资讯。